金属材料

工程

实验教程

JINSHU CAILIAO GONGCHENG

SHIYAN JIAOCHENG

主 编 李合琴 徐光青 张学斌

合肥工业大学出版社

图书在版编目(CIP)数据

金属材料工程实验教程/李合琴,徐光青,张学斌主编 . —合肥:合肥工业大学出版社,2018.6

ISBN 978 - 7 - 5650 - 4021 - 4

Ⅰ.①材… Ⅱ.①李…②徐…③张… Ⅲ.①材料科学—实验—高等学校—教学参考资料 Ⅳ.①TB3 - 33

中国版本图书馆 CIP 数据核字(2018)第 124567 号

金属材料工程实验教程

李合琴 徐光青 张学斌 主编

责任编辑	张择瑞
出版发行	合肥工业大学出版社
地　　址	(230009)合肥市屯溪路 193 号
网　　址	www.hfutpress.com.cn
电　　话	理工编辑部:0551 - 62903204
	市场营销部:0551 - 62903198
开　　本	710 毫米×1000 毫米　1/16
印　　张	12
字　　数	228 千字
版　　次	2018 年 6 月第 1 版
印　　次	2018 年 7 月第 1 次印刷
印　　刷	安徽昶颉包装印务有限责任公司
书　　号	ISBN 978 - 7 - 5650 - 4021 - 4
定　　价	30.00 元

前　言

本教材积极响应"十三五"国家科技创新规划：我国 2020 年进入创新型国家行列，2030 年进入创新型国家前列，2050 年成为世界科技强国，实现科技强国"三步走"。培养创新人才，既要选拔培养一批战略科学家、科技领军人才；又要弘扬工匠精神，培养大量卓越的工程师和专业技能人才；还要造就一支具有全球战略眼光和社会责任感的企业家队伍。大学工科实践教学要适应时代的变化，必须深入进行教材和教学方法的改革。目前有关材料领域的实验教材大多比较陈旧，且缺乏系统性。

金属材料科学与工程是在若干基础科学和生产实践基础上发展起来的一门科学，它的主要理论都是通过实验而建立的。如：材料合金相图虽可用热力学原理推出，但必须通过实验验证，才能得到合金在平衡条件下的成分、温度与组织之间的关系。过冷奥氏体转变曲线的建立也是通过在系列等温状态下，测试不同过冷度下得到的组织。金属材料中的合金化原理，来源于各种合金元素对相变、组织、性能的影响规律。实验不仅可使学生通过自己的实践来验证和加深对课堂理论的理解，而且可培养学生观察、分析和解决问题的能力，同时在实验中发现问题，有利于培育学生的创新能力。实验还能培养学生严谨的工作作风和实事求是的科学态度。因此在金属材料工程课程教学中，必须充分重视实验教学。

本书是高等院校材料类专业的实验教材，全书分为六章，内容包括金相组织和微观分析、金属材料及热处理、材料力学性能、材料物理性能、粉末冶金技术等相关实验。本书既介绍了实验的基本原理，又说明了实验的操作方法，可作为金属材料工程及材料类相关专业的课程实验教材，也可供大学机械类专业本科生使用，并可供其他专业的同类课程的实验课选用以及相关专业技术人员参考。

　　全书六章内容包括二十四个实验，可供材料和机械类各专业选做。其中实验一到实验七由张学斌编写；实验九到实验十一、实验十三，实验二十到实验二十三由徐光青编写；实验八和实验十二、实验十四到实验十九、实验二十四由李合琴编写，并且对实验十、实验十一、实验十三进行了补充，全书由李合琴负责统稿完成。

　　由于编者水平有限，难免有缺误之处，殷切希望使用本书的同行和读者提出宝贵意见。

编　者

2018 年 3 月

目　录

第一章　金相组织观察和分析实验

第二章　金属热处理和力学性能实验

第三章 材料物理性能实验

第四章 粉体制备和性能实验

第五章 材料粗糙度、磨损和电化学性能实验

第六章 CAD/CAM 基础实验

附 录

第一章　金相组织观察和分析实验

实验一　金相显微镜的基本原理、构造和使用

一、实验目的

（1）了解普通光学显微镜的构造，各主要部件及元件的效用。

（2）掌握正确的使用操作规程及维护方法。

二、金相显微镜的原理及使用

1. 原理

正常人眼看物体时，最适宜的距离大约在 250mm 左右，此时，眼睛可以很好地区分物体的细微部分而不易疲劳，这个距离称为"明视距离"。物体上的两点要能被眼睛分辨清楚，必须使它们的像落在人眼视网膜的两个不同的感光细胞上，从眼睛的光心到物体两端所引的两条直线的夹角叫视角，人眼可分辨清楚的最小视角为 $2'\sim4'$，在 250mm 处能分辨的最小距离约 $0.15\sim0.30$mm。为了增大视角，就在物体与眼睛间置一放大镜，其放大倍数为：

$$M=\frac{250}{f} \tag{1-1}$$

f 为放大镜的焦距，从式（1-1）可见，f 愈小、M 愈大，但实际上不可能用焦距很短的放大镜来观察。透镜的曲率半径太小，眼睛所观察的范围就更小，且像差愈显著，所以放大镜一般在 20 倍以下，若要再提高放大倍数以观察更细微的物体，就必须用显微镜。显微镜通过物镜及目镜两次放大而得到倍数较高的放大像。图 1-1 是它的放大原理图。

若将试样置于物镜下方的焦点 F_1 外少许，则物镜将试样上被观察的物体（以箭头所指 WS 表示）放大，而在物镜的上方得到一个倒立的实像 W_1S_1，在设计显微镜时就已安排好使这个实像刚好落在目镜的焦点 F_2 以内，因而再经过目

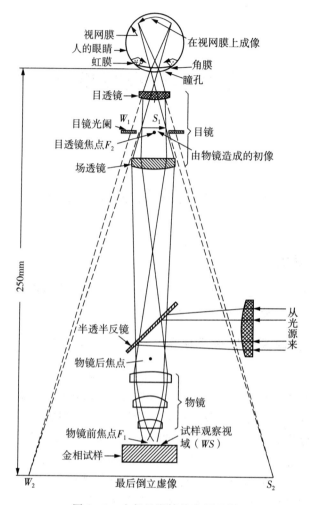

图 1-1　金相显微镜放大原理图

镜放大后，人眼在目镜上观察时，在 250mm 的明视距离处，看到一个经再次放大的虚像 W_2S_2。所以观察到的像是经物镜和目镜两次放大的结果。总的放大倍数 M 应为物镜放大倍数 $M_物$ 与目镜放大倍数 $M_目$ 的乘积，即：

$$M = M_物 \times M_目 \qquad (1-2)$$

2. 物镜的选择

普通光学金相显微镜主要由三个系统构成：光学系统、照明系统和机械系统。光学系统的主要构件是物镜和目镜，其任务是完成金相组织的放大，并获得清晰的图像。物镜的优劣直接影响显微镜成像的质量，因此物镜是决定显微镜的主要光学零件。衡量一个物镜性能的有：数值孔径和鉴别率、有效放大倍数、景深度和像差校正程度。主要性能指标在物镜上有标志说明（图 1-2）。图 1-2 中，40/0.65 表示物镜 40 倍，数值孔径为 0.65，160/0 表示机械筒长为 160mm 的金相用物镜，"0" 表示盖玻片的厚度为 0（即没有盖玻片）。

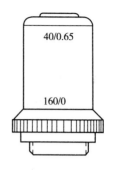

图 1-2　40 倍物镜

（1）数值孔径和鉴别率

显微镜的鉴别率主要决定于物镜的鉴别率，对于鉴别率不同的两个物镜，虽然都可以配成相同的放大倍数，但显微的效果不同，如对试样细微组织中相邻的两点，用鉴别率高的物镜可以把它们分辨开，而用鉴别率低的物镜，看到的只是连成一片的轮廓，分不开相邻的两点。

物镜的鉴别率指物镜所清晰分辨出物体相邻两点的最小距离 d，与数值孔径 NA 有如下关系：

$$d = \frac{\lambda}{2NA} \tag{1-3}$$

式（1-3）中，λ 为照明所用入射光的波长。从上式可知，NA 愈大或波长愈短，鉴别率愈高。因此，使用黄、绿、蓝等滤色片，不仅可消除一些色差，还可提高显微镜的鉴别率。滤色片与试样颜色配合恰当还可提高衬度。物镜的数值孔径（NA）表征物镜的聚光能力，是物镜的重要性质之一，增强物镜的聚光能力可提高物镜的鉴别率。它的大小主要决定于进入物镜的光线锥所张开的角度，即孔径角的大小，表示为：

$$NA = n \cdot \sin\theta \tag{1-4}$$

式（1-4）中，n 为物镜前片玻璃到试样之间的介质的折射率；θ 为孔径半角。由于 $\sin\theta$ 总是小于 1，所以空气为介质的干系统物镜，$NA < 1$，目前最高可达 0.95；用油作介质，可以提高物镜的聚光能力，目前最高倍的油镜（120×）可做到 $NA = 1.40$。

（2）数值孔径与有效放大倍数

如前所述，人眼在 250mm 处的鉴别率为 0.15～0.30mm，要使物镜可分辨的最近两点的距离 d 能为人眼所分辨，则必须将 d 放大到 0.15～0.30mm，即：

$$d = \frac{\lambda}{2NA} \tag{1-5}$$

$d \times M = 0.15 \sim 0.30$mm，而

$$M = \frac{1}{\lambda}(0.3 \sim 0.6)NA \tag{1-6}$$

若取 $\lambda=0.55\mu m$，则有 $M\approx500NA\sim1000NA$。M 称为有效放大倍数，物镜应在这两个放大倍数范围内使用。若不足 $500NA$，未能充分发挥物镜的功能；若大于 $1000NA$，只是"空虚放大"，因为不能分辨更多的细节。例如 $40\times$ 物镜的 $NA=0.65$，有效放大倍数为 $325\sim650$ 倍。即使对 $NA=1.40$ 的油镜，一般只在 $1500\times$ 以下有效，这正是光学显微镜的局限性。

（3）景深度

经腐蚀后的试样表面，显微组织是凹凸不平的。经物镜放大后，它们的像亦不会落在一个理想的平面上。物镜对这些高低不平的组织都有清晰造像的能力，称为景深度，即物镜的垂直分辨能力，它与数值孔径、放大倍数成反比。数值孔径越大，垂直分辨能力越低。此外，显微镜上的孔径光阑对景深亦有影响。

3. 目镜

目镜是用来观察由物镜所成像的放大镜。其作用是使在显微观察时，于明视距离处形成一个清晰放大的虚像；而在显微摄影时，通过投射目镜使在承影屏上得到一个放大的实像；此外，某些目镜（如补差目镜）除放大作用之外，尚能将物镜造像的残余像差予以校正。自目镜射出的光束接近平行光束，是一个小孔径、大视场系统。据此，在像差校正上轴向，像差（轴向色差、球差）可不予考虑，设计时主要考虑放大率色差，像散的消除。同时，由于入射光束接近平行，目镜的角孔径极小，故目镜本身的鉴别能力甚低，但对于物镜的初步映像的放大已是足够的了。

4. 照明方式

一般金相显微镜采用灯光照明，借棱镜或其他反射在金相磨面上，靠金属自身的反射能力，部分光线被反射而进入物镜，经放大成像最终被我们所观察。图1-3为采用平行光照明系统，即灯丝像先汇聚在孔径光阑上，再成像于物镜后焦面上，经物镜射出一束平行光线投射在试样表面，其优点是照明均匀，且便于在系统中加入暗场、偏光等附件。图1-3中平行光照明由于观察目的的不同，金相显微镜对试样的采光方式亦不同，据此，可分明视场照明和暗视场照明。明视场照明是金相研究中的主要采光方法，垂直照明器将来自光源的光线转向并照射在

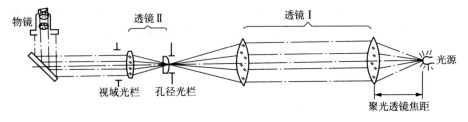

图 1-3　平行光照明

金相试样表面上，由试样表面反射的光线又经物镜、目镜成像。如果试样表面光滑如镜，那么显微镜中观察到的是明亮的一片；而反光能力差的相或产生漫散射的地区将变得灰暗。暗视场与明视场显微镜的区别在于：明视场中经垂直照明器转向后的入射光束通过物镜直射到目的物上，而暗视场则是使入射光束绕过物镜斜射于目的物上。这样的光束是靠环形光阑及环行反射镜获得的。

5. 调整和维护

（1）光源的调整

光源的调整包括径向调整与轴向调整，前者的目的是让发光点调到仪器的光学系统的光轴上；后者主要是让灯丝通过聚光镜后汇聚在孔径光阑上，以得到"平行光照明"。光源经精确调整好以后，应达到视野照明最明亮且均匀，视野内无灯丝像的效果。

（2）光阑的调整

在金相显微镜的照明系统中常有两个孔径可变的光阑。孔径光阑装在光源聚光透镜之后，视场光阑装在孔径光阑之后。

① 孔径光阑

孔径光阑用以控制射向物镜的入射光束的粗细。孔径光阑若开得太大，则入射光过强，增加了镜筒内部的反射与炫光，降低影像的衬度。缩小孔径光阑可避免上述弊病，且可消除由透镜边缘引起的球面像差并提高映像的景深。但若孔径光阑缩得太小，光束只通过物镜的中心部分，使实际的数值孔径减小，使物镜的分辨能力降低。因此，应按观察的要求适当调节孔径光阑的大小。一般是调到刚好使光线充满物镜的后透镜为宜，此时物镜的分辨能力最高。有人认为可以将试样调焦后，去掉目镜，观察镜筒内的光斑，以刚好充满镜筒底部的四分之三为准。一般却是以调节到观察时物像最清晰、不产生浮雕，晶界不变形、不弯曲，光的强弱使人眼舒适为原则。物镜的孔径不同，透镜组尺寸也不同，更换物镜后必须重新调节孔径光阑。

② 视场光阑

视场光阑用以改变视场大小、减小镜筒内部的反射与炫光以提高映像的衬度，而不影响物镜的分辨能力。视场光阑的调节是在显微镜调焦后，缩小视场光阑，在目镜中观察其像，然后扩大它，使其边缘正好包围整个视物。有时为了观察某一试样的局部细致组织，也可将视场光阑缩小到刚好包围此局部组织，以收到更好的效果。总之，孔径光阑与视场光阑，都是为了提高成像质量而加入光线系统中去的。通过调节这些光阑可最大限度地利用物镜的鉴别率并得到良好的衬度。

（3）维护要点

金相显微镜是精密光学仪器，使用时必须了解其基本原理及操作规程，要认真维护、保管，细心谨慎使用。

① 操作显微镜时双手及样品要干净，绝不允许把侵蚀剂未干的试样在显微镜下观察，以免腐蚀物镜。

② 操作时应精力集中，小心谨慎。接电源时应通过变压器，装卸或调换镜头时必须放稳后才可松手，不可粗心大意。

③ 调焦距时，应先转动粗调螺丝，使物镜尽量接近试样（目测），然后一边从目镜中观察，一边调节粗调螺丝使物镜慢慢上升直到逐渐看到组织时，再用微调螺丝调至清晰为止。

④ 显微镜的光学系统部分严禁用手或手帕等去擦，而必须用专用的驼毛刷或镜头纸轻轻擦拭。

⑤ 使用过程中，若发生故障，应立即报告老师，不得自行拆动。

三、实验内容及要求

（1）认真观察和识别实验所用的金相显微镜的外形结构，各类元件、部件的效用和外貌特征及其标志。

（2）练习显微镜的操作规程。正确选用物镜和目镜的匹配、光阑的调节、放大倍数的计算、目镜测微尺的使用、调焦操作、维护要点。垂直照明器的选用、滤色片的选用、暗场的使用等。

（3）参观其他类型的金相显微镜。

四、思考题

（1）几何光学的主要定律是什么？

（2）光学金相显微镜在研究显微组织中的主要优缺点？

（3）什么是实像和虚像？成像的条件？

（4）什么是显微镜的有效放大倍数？取决于哪些因素？

（5）透镜成像会产生哪几类主要缺陷？怎样校正？

实验二　金相样品制备的一般方法

一、实验目的

（1）掌握金相样品制备的一般方法（机械抛光和化学浸蚀）。

（2）了解金相样品制备的其他方法。

二、实验设备及材料

（1）金相显微镜一台；

（2）碳钢试样一块；

（3）金相砂纸一套、玻璃板一块；

（4）抛光机及抛光液；

（5）浸蚀剂、酒精、玻璃器皿、竹夹子、脱脂棉、滤纸等。

三、实验内容及程序

金相样品制备的全过程包括：试样的截取与磨平（包括细薄样品的镶嵌）、样品的磨光与抛光、样品组织的显露、显微组织的观察与记录等。本次实验的重点是掌握金相样品制备的一般方法——机械抛光和化学浸蚀，因而省略了试样的截取与磨平过程。

本次实验的具体内容及程序如下：

1. 样品的磨光

每人领取已截取并磨平的碳钢试样一块，用一套金相砂纸在玻璃板上先粗后细逐号磨光。注意每换细的砂纸时，应将样品和手冲洗干净，并将下垫的玻璃板擦干净，以防止粗砂粒掉入细砂纸上。同时将磨光方向转换90°，以便于观察原磨痕的消除情况。在往复移动样品时应均匀用力，用力也不宜过大。使用细一号砂纸时应完全磨去前一号砂纸遗留下来的磨痕。图2-1为手工磨光操作示意图。

2. 样品的抛光

磨光后的样品表面仍留有细的砂纸磨痕，还不能有效地观察浸蚀后的组织，因此必须将砂纸磨痕完全抛去，使表面达到光亮如镜的光洁度，才能满足显微观察的要求。抛光后的表面在200倍显微镜下观察应基本上没有磨痕和磨坑。机械抛光法是常用的一种方法，在专用的金相样品抛光机上进行。在抛光机转盘上装有不同抛光用织物，用于粗抛和细抛。粗抛时用帆布，细抛时用呢料、绒布、金丝绒或绸

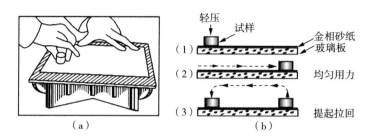

图 2-1 手工磨光操作示意图

布。粗抛时应在织物上喷洒适量的抛光用磨料（Cr_2O_3 粉或 Al_2O_3 粉的水悬浮液）。同时，粗抛和细抛时都应不断喷洒润滑液，使样品表面保持适当的湿润度。

在抛光前应将样品的边角磨圆滑，以便保护织物不被刮破及样品飞出。

3. 显微组织的显示

抛光好的样品，直接在显微镜下观察，仅能观察到非金属夹杂物、灰口铸铁中的石墨等，而无法观察到晶界、各类相和组织。若要显露组织，必须经过适当的显露方法。化学浸蚀法是最普通的显微组织显露法，其基本原理是样品表面的不同组织（不同成分或结构的晶粒、晶界、相界等）在浸蚀液中形成微电池作用，导致溶解速度和程度不同。本次实验样品为碳钢，浸蚀液为 2%～4% 硝酸酒精。将浸蚀液和纯酒精各倒入一个玻璃器皿中，用竹夹子夹脱脂棉、蘸浸蚀液在样品表面擦拭，当光亮镜面呈浅灰白色时，立即用水冲洗，并用酒精擦洗后经吸水纸吸干。操作过程要迅速利落，以防带水样品表面在空气中氧化。严禁用手摸擦表面，以免皮肤受到伤害。

4. 显微组织的观察与记录

制备好的样品用显微镜在 100～400 倍不同放大倍数下观察组织，体会放大倍数不同对组织观察和景深的影响，绘制组织特征图，规格为 50mm×65mm 的矩形或直径为 50mm 的圆形。图下标注材料名称、热处理规程、放大倍数、浸蚀剂、样品组织等项。

四、实验要求

（1）用机械抛光和化学浸蚀法制备金相样品一块。

（2）观察试样的显微组织，并绘制组织图。

（3）了解金相样品的其他制备方法。

五、思考题

（1）为什么晶界浸蚀之后是黑色的？显微镜下观察到的黑白图像一般反映什么情况？在暗视场下晶界和晶粒内各为什么颜色？

（2）在二相组织中有一相浸蚀后观察是黑色，另一相为白色，黑色和白色各表示什么情况？这两相在电化学性质上有何差别？

（3）在采用真空加热单相合金时，晶界能否显示出来？为什么？

（4）在空气中把抛光样品加热到不同温度会出现不同颜色，如黄、红、紫、蓝等。这是什么原因？按同一规程加热后，多相组织中的不同相往往在白色光源下会呈现不同颜色，这是什么原因？

（5）怎样鉴别浸蚀后观察时发现的直线型的映像是组织本身的特征还是磨痕或划痕？

附：相关知识

附一、金相样品的截取及镶嵌

根据所要观察的部位，要求采用如图 2-2 所示砂轮切片机切取一小块样品，样品不能太大太重，以便于操作及置于显微镜载物台上。方柱体试样磨面的面积为 12mm×12mm，高度为 12mm。圆柱体试样的直径为 12mm，高度为 12mm。对于特小、特薄或特细的样品，以及检查表层组织（如化学热处理）的样品，需要嵌镶或用相应的夹具夹持，以便于操作和正确观测。

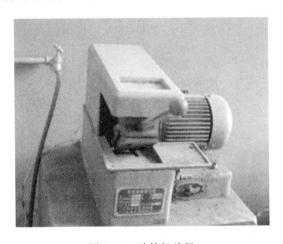

图 2-2 砂轮切片机

截割好的试样，需要用砂轮或锉刀进一步磨平，以得到平坦的磨面，并消除或减小切割时表面产生的变形。软的金属材料用细锉刀锉平或用显微切片机切割，不得用砂轮磨平。

对于不允许低温回火的样品，应采用冷镶法或夹具。冷镶法一般可用环氧树脂浇入模子内。热压镶嵌法如图 2-3 所示，可用电木粉或塑料粒在 180℃ 左右热压。

图 2-3　镶样机（热镶）

附二、金相样品的磨光

1. 磨光方法

经截取镶嵌好的试样，由于表面粗糙，形变层厚，因此需要在显微镜观察之前，经过磨光与抛光处理。磨光操作一般有两种，一种是手工磨光，另一种用机械设备磨光，如图 2-4 所示的预磨机。从试样磨光用砂纸来区分，又分为干磨法和湿磨法两种方法。

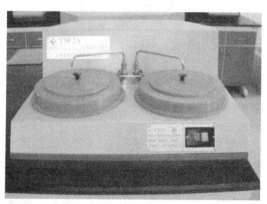

图 2-4　预磨机

干磨法使用的砂纸为刚玉砂纸，其黏结剂通常溶解于水，必须干用，或在无水的润滑剂条件下使用。干砂纸由粗到细的编号为 100、120、150、180、220、240 等，对应磨料尺寸由大变小。

湿磨法使用的砂纸为用碳化硅磨料、塑料或非水溶性黏结剂制成的水砂纸。水砂纸由粗到细的编号为…400、500、600、700、800、…，对应磨料尺寸由大变小。用水磨砂纸时，需用水不断冲刷，其优点是水可以不断将磨屑冲去，提高磨光效率及质量。

磨光时所用砂纸为先粗后细（砂纸编号为先小后大）逐号磨光。将砂纸平铺在玻璃板上，一手将砂纸按住，一手将试样磨面压在砂纸上，并向前推行，进行磨光。在磨光的回程中最好将试样提起拉回，不与砂纸接触。在试样上所加的压力应力要求均衡，磨面与砂纸必须完全接触，这样才能使整个磨面均匀地进行磨削。磨光操作每更换细一号砂纸时，为了便于观察前一道砂纸所留下的较粗磨痕的消除情况，磨面磨削的方向应该与前一号砂纸磨痕方向成 90°或 45°。磨光时确保完全磨去前一号砂纸遗留下来的磨痕。

用金刚砂蜡盘以水润滑也是一种湿磨方法。最先进的自动磨光机装有电子计算机，对磨光过程进行程序控制。

2. 注意事项

样品制备的主要目的是使制得的样品表面能够完全表征材料在截取之前本身所具有的显微结构特点，但又不引起虚假组织结构。因此，对于样品制备的要求并不仅仅是制得高度光滑的表面。

制样过程可能带来的不良影响如下：

（1）通过磨光能够获得具有相当细小均匀划痕的样品表面，但也可能产生具有一定深度的塑性变形表面。这层变形金属与真实的样品在显微结构上存在显著差别，出现人为的虚假组织结构。黄铜最易产生磨样变形层，在浸蚀后出现带状斑痕；非立方晶体结构的金属（如锌）在塑性变形层还容易产生相当深度的形变孪晶；低熔点金属（如锡和锌）即使在室温下变形层中也会发生再结晶，产生细小的晶粒尺寸，而且越靠近表面，晶粒越细。

（2）中高含碳量钢在磨样不当或冷却不足的情况下，过热导致再硬化马氏体表面层，并伴随着回火层的出现。

（3）非常软的金属（如铅或高纯铝）表面，砂纸上脱落的磨粒很容易嵌入到样品表面，并且难于鉴别。

（4）烧结制成的硬质合金，组织中通常含有特别硬的相和相对较软的相，硬度差别大，试样制备比较困难，很容易出现浮雕。

（5）表面氧化物层结构的确定通常是研究氧化物层的孔隙率、裂纹等重要特性，而氧化物本身是脆性的，对样品制备过程十分敏感，易产生碎裂和脱落；石墨相在制样过程中容易剥落，形成曳尾和空孔。

因此，在制样过程中应当注意以下几个方面：

（1）对于易变形合金，每一道砂纸应该去除前一道砂纸产生的人为造成的虚假结构层，这远远比去除前一道磨样上的划痕要花费更多的时间。

（2）对于再加热可能引起结构变化的合金系统，应该保证提供充足的液体冷却剂，避免干磨，造成过热。

（3）对于软金属，避免磨粒碎屑嵌入样品表面的方法是在砂纸上涂蜡，使得磨粒碎屑嵌入软蜡中。软金属的样品也可用切片机切割，获得高质量表面。

（4）对于硬度差别大的复相合金，特别是硬质合金，其碳化物的硬度大于Al_2O_3磨料的硬度，需要使用金刚石磨料或金刚石研磨膏。金刚石磨料对软相和硬相几乎都能快速磨削，避免浮雕出现。

（5）对于脆性材料，特别是易于发生解理的材料，希望用松散磨料滚压磨光，而不希望用固定磨料的砂纸磨光。具体做法是将磨料糊浆置于玻璃板上，试样在其上移动磨光，这样磨光、磨削速度快，而且表面所产生的脆性裂纹缺陷层浅薄。所用磨料是氧化铝粉或碳化硅粉，粒度号可按砂纸的级别选用240、320和400号。当磨光到最后步骤时用固定磨料的蜡盘（软化点为80～90℃的硬石蜡100g，10～20μm的氧化铝磨料300g）来磨光，这样能保证将脆性裂纹缺陷减少，甚至消除。

三、金相样品的抛光

抛光后的表面在200倍显微镜下观察应基本上没有磨痕和磨坑。抛光的方法主要有机械抛光法、化学抛光法及电解抛光法等。

1. 机械抛光法

机械抛光法是常用的一种方法，是在如图2-5所示专用的金相样品抛光机上进行，转速一般以200～500r/min为宜。在抛光盘上织物的选择方面，抛光较硬的材料（如钢铁），一般粗抛用帆布、呢料或无毛呢绒等；细抛则用短毛细软呢绒或毡呢等；尤其是检验钢中夹杂物或铸铁中石墨时，不要用长毛呢绒，以免将夹杂物和石墨抛掉。一般软的金属和合金用很软的织物抛光。

常用的抛光磨料是粒度为0.3～1μ的Cr_2O_3粉或Al_2O_3粉的水悬浮液，一般是在1L水中加入5gAl_2O_3粉或10～15gCr_2O_3粉。铝及铝合金用Al_2O_3抛光不能得到好的表面质量，而选用氧化镁则效果较好。另外，人造金刚石研磨膏具有很高的抛光效能，已经得到广泛的应用。

抛光时要适当地保持抛光织物上的湿润度，一般以试样上的湿润膜（当从抛

图 2-5 抛光机

光盘上拿起来时）能在 2～5s 内干燥为适宜。抛光织物太干，会引起抛光样品发热氧化；而太湿且长时间抛光，又会引起抛光样品发生坑蚀，出现麻点。

2. 化学抛光和化学机械抛光

化学抛光是依靠化学试剂对样品的选择性溶解作用将磨痕去除的一种方法，例如用 1～2g 草酸、2～3mL 氢氟酸、40mL 过氧化氢、50mL 蒸馏水的化学抛光剂，对碳钢、一般低合金钢的退火、淬火组织进行化学抛光（擦拭法），效果较好。此法适用于没有机械抛光设备的条件。

在化学抛光时，影响抛光质量的可控参数有：抛光液的组分、浓度、温度以及抛光时间等，需根据具体情况制定合适的工艺规程。

化学抛光一般总不是太理想的，若和机械抛光结合，利用化学抛光剂边腐蚀边机械抛光可以提高抛光效能。

3. 电解抛光

电解抛光是在一定的电解液中进行的，最简单的电解抛光机（或自行组合的装置）如图 2-6 所示。试样作阳极，选用耐蚀金属材料为阴极（如不锈钢、铂、铅等）。在接通直流电源后，阳极表面产生选择性溶解，逐渐使阳极表面的刨磨痕消去。通常认为，电解抛光时在阳极表面与电解液之间将形成一层具有较大电阻率的薄膜层。样品表面的高低不平，致使这层薄膜的厚度不均匀。表面凸出部分

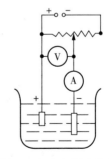

图 2-6 电解抛光装置

的薄膜厚度比凹下去的部分要薄一些，因此凸出部分的电流密度大，此处阳极溶解快，凸出部位渐趋平坦。

在电解抛光时，影响抛光质量的可控参数有：电解液的组分、浓度、温度，

电解电流密度以及抛光时间等，需根据具体情况制定合适的工艺规程。

四、金属样品的显微组织显露方法

抛光好的样品，直接在显微镜下观察，仅能区分反光能力差别大于10%的组织组成，而无法观察到晶界、各类相和组织，例如钢中的非金属夹杂物、灰口铸铁中的石墨等。若要显露组织，必须经过适当的显露方法。通常显露组织有化学法和物理法两类。

1. 化学浸蚀及染色法

化学浸蚀及染色法是最普遍的显露方法，其基本原理是样品表面的不同组织（不同成分或结构的晶粒、晶界、相界等）在浸蚀液中形成微电池作用，导致溶解速度和程度不同。

（1）单相合金的浸蚀

单相合金（包括纯金属）的组织是由不同晶粒组成的。各个晶粒的位向不同，存在着晶粒间界。一般晶界处的电极电位和晶粒内的不同，而且具有较大的化学不稳定性。因此在和化学试剂作用时，溶解得比较快，不同位向的晶粒，溶解程度也不同。浸蚀结果如图2-7所示。在晶界处凹下去，光线被反射向斜方向而不进入目镜，呈现黑色。晶粒内也因表面倾斜程度不同导致深浅不同。

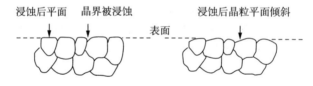

图2-7 单相合金晶界、晶粒显示

（2）二相合金的浸蚀

二相合金的浸蚀是由于化学成分不同、结构不同，因而电化学性质不同、电极电位也不同的相组成了微电池，具有较高负电位的相成为阳极，溶解得快，逐渐凹下去；具有较高正电位的相则成为阴极，一般不易溶解，基本上保持原有平面（凸出，光亮色）。作为阳极的相如果表面（凹下去）本身不平滑，则在显微镜下呈现暗黑色，如图2-8所示。

图2-8 二相合金浸蚀后各相的显示

（3）多相合金的化学染色浸蚀法

这种方法是利用浸蚀剂对各相的氧化还原反应不同，使不同的相形成的氧化膜厚度不同，则产生不同的光的干涉效应，呈现出不同的颜色。

2. 电化学浸蚀法和恒电位法

电化学浸蚀适用于化学稳定性高的合金，和电解抛光原理相似，但具体规程不同。采用恒电位仪直接控制阳极电位，能够得到理想的具有重复性好的电解结果。恒电位法浸蚀的优点是能对用一般浸蚀法难以区分的相进行示差浸蚀，提高不同相的衬度。还可以灵敏地区分出微区成分的不均匀性，如偏析等。

3. 金相组织的物理显示方法

由于物理和化学反应往往难以单独存在，所以这里包括一些不是单纯物理变化的显示方法。通常所指的物理显示方法有磁性金相显示法、真空喷涂膜法、阴极真空显示法、真空热蚀法、一般热染法等。具体内容参看"彩色金相技术"。

五、样品制备自动化

随着科学的发展和技术的进步，对于金相样品的制备，从试样的切割、镶嵌，到磨光、抛光，都有不断研制开发出的越来越现代化的辅助设备：

金相试样切割机：利用高速旋转的薄片砂轮来截取金属试样，同时附有冷却装置，用来带走切割所产生的热量，避免试样过热而改变金相组织，可用于切割各种金属材料、非金属材料（如塑料、胶管等）。

金相试样镶嵌机：对于形状不规则、尺寸过于细薄、磨光抛光不易持拿的试样，进行热固性塑料压制，成形后便于进行试样的磨抛操作，也有利于金相显微镜的观察。

金相试样磨光机：利用各种粒度的抗水砂纸对各种金属及其合金进行湿式磨光。其特点是除以机械磨光代替手工操作、提高制备试样效率以外，还能去除试样切割过程中产生的塑性变形和表面加热痕迹，供进一步抛光后进行组织的显微测定。

金相试样抛光机：对磨光后的试样进行抛光，获得光亮如镜的金属表面，供在显微镜下观察与测定金相组织。自动化抛光设备配有速度、配重和时间的可调装置，一次可抛光 3～12 个样品。

金相试样制备设备在世界各地都有专业化生产厂商，如我国上海光学仪器厂专业生产 Q-2 金相试样切割机、XQ-2A 金相试样镶嵌机、M-2 金相试样预磨机、P-1 金相试样抛光机；南京测控科学器材设备有限公司开发研制出 GQ-1 金相试样切割机、GMP-1 金相预磨抛光两用机、GPV 系列变频调速抛光机；德国 Struers 公司生产 Labotom-3 和 Unitom-50 金相试样切割机、ProntoPress 系列金相试样镶嵌机、Prepamatic-2 金相试样磨光机、Abramin 全自动研磨抛光机等。

实验三 铁碳合金相图及平衡组织观察

一、实验目的

（1）进一步熟悉铁碳合金相图（Fe-Fe$_3$C 相图）。

（2）掌握各相和组织组成以及它们的金相形貌特征（珠光体、铁素体、渗碳体、莱氏体等）。

（3）研究白口铸铁、灰口铸铁、球墨铸铁、展性铸铁、麻口铸铁等显微组织特征。

（4）了解碳含量对各相及组织组成物的形貌和相对量的影响。

二、实验设备与材料

（1）金相显微镜。

（2）标准实验样品若干。

三、预习要求

（1）熟悉铁碳相图及其组织组成物（铁素体、珠光体、莱氏体、渗碳体）。

（2）在含碳量不同的情况下，析出相会有什么不同，组织形貌有何改变？

（3）铸铁的分类及分类标准。铸铁的组织与石墨化程度之间的关系。

四、实验安排及设计

（1）在课堂上分析并讨论铁碳合金相图的组成及组织组成物形貌。

（2）结合理论知识，观察各金相样品的显微组织，绘制组织特征图。

（3）讨论分析实验结果和思考题。

五、思考题

（1）怎样鉴别 0.7wt%C 合金的网状铁素体和 1.3wt%C 合金的网状渗碳体？

（2）冷却速度对组织形貌和相对量有无影响？并举例说明。

（3）讨论各类铸铁在组织上（基体组成、石墨形态）有何不同？讨论组织对性能的影响。

（4）如何改变灰口铸铁的性能？

六、实验报告要求（3，4 为附加要求）

（1）写明实验目的，实验设备与材料，实验过程、结果及集体讨论结果。

（2）写出亲自观察到的感兴趣的组织与现象，或者看到的与理论上不同的组织与现象。

（3）你对集体讨论的结果是否认同？有没有其他见解？

（4）对于个人来讲，你是否从此次实验中达到预期的实验目的。在相同的实验目的及类似的实验条件下，你会如何设计实验步骤？

七、相关理论知识

1. 铁碳合金相图

在铁碳合金中，碳有两种存在形式：一是 $\theta-Fe_3C$ 相，二是石墨。$\theta-Fe_3C$ 实际上是一个亚稳相，在一定条件下可分解为铁固溶体相 α（Fe）或 γ（Fe）和石墨，因此铁碳相图通常有 $Fe-Fe_3C$ 和 $Fe-$石墨两种形式，且 $Fe-$石墨体系是更稳定的状态。

在 $Fe-Fe_3C$ 体系相图中，存在有液相、固溶体相 δ（Fe）、α（Fe）和 γ（Fe）及 $\theta-Fe_3C$ 相。根据组织特征则有奥氏体（A）、铁素体（F）、δ 铁素体、渗碳体或液析渗碳体（Cm）、二次渗碳体（Cm_{II}）、三次渗碳体（Cm_{III}）、珠光体（P）、莱氏体（Ld）、变态莱氏体（Ld'）和液体（L）。在讨论和计算过程中，要明确是求平衡凝固时各相的相对量还是求各组织的相对量。例如：含碳量为 $3.5wt\%$ 的亚共晶白口铸铁，平衡凝固到室温时，

（1）稳定存在的相为 α（Fe）和 $\theta-Fe_3C$，其相对含量约为：

$$\alpha\,(Fe)\% = \frac{6.69\% - 3.5\%}{6.69\% - 0.0\%} \times 100\% \tag{3-1}$$

$$\theta-Fe_3C\% = \frac{3.5\% - 0.0\%}{6.69\% - 0.0\%} \times 100\% \tag{3-2}$$

（2）稳定存在的组织则为变态莱氏体（Ld'），由先共晶奥氏体（A）经共析转变形成的珠光体（P）和从先共晶奥氏体并沿其晶界析出的二次渗碳体（Cm_{II}）或网状渗碳体，其相对含量约为：

$$Ld'\% = Ld\% = \frac{3.5\% - 2.11\%}{4.3\% - 2.11\%} \times 100\% \tag{3-3}$$

$$A\% = \frac{4.3\% - 3.5\%}{4.3\% - 2.11\%} \times 100\% \tag{3-4}$$

$$P\% = \frac{6.69\% - 2.11\%}{6.69\% - 0.77\%} \times A\% \qquad (3-5)$$

$$Cm_{II} = \frac{2.11\% - 0.77\%}{6.69\% - 0.77\%} \times A\% \qquad (3-6)$$

注意：$Ld'\% + A\% = 100\%$；$P\% + Cm_{II}\% = A\%$。

2. 铁碳合金简介

（1）根据是否存在 1148℃发生的 $L4.3 \rightarrow A0.77 + Fe_3C$ 共晶转变，将铁碳合金分为碳钢和铸铁两大类。按 $Fe-Fe_3C$ 体系结晶的铸铁为白口铸铁，按 $Fe-$石墨体系结晶的为灰口铸铁。

（2）根据组织特征，将铁碳合金按含碳量化分为七种类型：

① 工业纯铁（$<0.0218\%C$）

② 亚共析钢（$0.0218\% \sim 0.77\%C$）

③ 共析钢（$0.77\%C$）

④ 过共析钢（$0.77\% \sim 2.11\%C$）

⑤ 亚共晶白口铸铁（$2.11\% \sim 4.30\%C$）

⑥ 共晶白口铸铁（$4.30\%C$）

⑦ 过共晶白口铸铁（$4.30\% \sim 6.69\%C$）

通常含碳量在 $0.15\% \sim 0.25\%$ 的亚共析钢（低碳钢）属工程结构钢。这类钢主要用于房屋、桥梁、船舶、车辆、矿井或油井井架等大型工程结构件，因而大多数情况下很难进行热处理，只能直接在热轧或正火状态下使用。含碳量在 $0.30\% \sim 0.50\%$ 的亚共析钢（中碳钢）属机械结构钢类型。主要用于制造各种机械零部件，如轴类、齿轮等。它要求有较高的强度、塑性、韧性和疲劳强度等综合力学性能。这类钢通常在淬火、高温回火状态下使用，常称之为调质钢。含碳量在 0.7% 以上的共析钢和过共析钢（高碳钢）属工具钢。主要用于制作刃具、量具、模具、轧制工具及耐磨耗工具等。要求有高强度、高硬度和高耐磨性等。

含碳量大于 2.11% 的铁碳合金称为铸铁。铸铁具有较低的熔点（含碳量 4.30% 的共晶白口铸铁其熔点为 1148℃）、优良的铸造性能和良好的抗震性，且生产工艺简单、成本低廉，因此用途非常广泛。如：各类机器的机身或底座、土建工程中的铸铁管、冶金工业中的钢锭模及轧辊等。根据碳在铸铁中的存在形式，可将其分为：白口铸铁、灰口铸铁、麻口铸铁、球墨铸铁、可锻铸铁或展性铸铁等几大类。

在进行碳钢平衡组织观察与分析前应参考有关书籍并了解如下问题：

从液相中析出的奥氏体和渗碳体的形态是怎样的？为何会有形貌差异？共晶团是球形的吗？从奥氏体中析出的珠光体和铁素体的形态特征是怎样的？其形态

又如何受成分的影响？三类渗碳体的形态特征是什么？渗碳体是如何影响钢的性能的？如何改变二次渗碳体的形态以改善钢的性能？硝酸酒精浸蚀后各相是什么颜色？各种组织的相对量如何计算？注意本实验观察的是碳钢的平衡组织，是涉及黑色金属组织最基本的内容。待学完《热处理原理及工艺》一门课程后可知，经不同的热处理工艺还会得到很多其他固态相变的组织。

在进行各类铸铁组织的观察与分析前应了解如下问题：

为什么石墨会有不同的形态？如何得到不同形态的石墨？什么是球化处理？什么是孕育处理？球状石墨与奥氏体的共晶与片状石墨与奥氏体的共晶有何不同？石墨形态不同对力学性能有何影响？石墨化的三阶段是什么含义？如何得到不同的基体组织（铁素体、铁素体＋珠光体、珠光体）以及它们对性能有何影响？麻口铁是如何形成的？等等。

实验四 二元、三元合金组织观察

一、实验目的

（1）学会运用二元和三元相图分析平衡态组织，熟悉典型组织及其特征。

（2）了解三元合金的显微组织与相应的三元相图的关系。

（3）学会运用三元相图的液相面等温线投影图分析合金的结晶过程及结晶后的组织特征。

二、实验内容

观察 Pb-Sn 二元合金在不同成分下的组织特征，观察 Pb-Sn-Bi 三元合金在不同成分下的组织特征。

（1）Pb-62%Sn 合金；

（2）Pb-40%Sn 合金；

（3）Pb-80%Sn 合金；

（4）Al-10%～13%Si 合金；

（5）10%Pb-20%Sn-70%Bi 合金；

（6）16%Pb-26%Sn-58%Bi 合金；

（7）20%Pb-10%Sn-70%Bi 合金。

三、思考题

（1）亚共晶、共晶、过共晶合金的平衡组织是什么？初生相有何不同？

（2）二元和三元固溶体析出转变与共晶转变的自由度数有无差别，原因何在？

（3）如何表示三元合金的成分？

（4）在三元相图中，变温截面图、等温截面图及液相面投影图起什么作用？

（5）三元共晶组织有什么特点？

四、实验报告要求

（1）画出所观察样品的典型组织，注明组织，并说明组织特征。

（2）结合二元相图和三元投影图，分析组织形成条件，并说明观察的三元合金的结晶过程。

五、相关理论知识

（一）Pb-Sn 二元合金

1. 共晶合金（Pb-62%Sn）合金

由图 4-1 可知含 62%Sn 的合金为共晶合金。该成分合金从液态缓慢冷到 183℃时，液相（L_E）中 Pb 和 Sn 饱和，在液相中同时结晶出 α_M（Pb）和 β_N（Sn）两种共溶体，即发生共晶转变：$L_E \rightarrow \alpha_{A_l} + \beta_N$。这一过程在恒温下进行直至凝固完毕，该合金平衡凝固过程如图 4-2 所示。此时共晶体由 α_M 和 β_N 两种固溶体组成。其组织为两相以层片状交替分布。Pb-62%Sn 合金中黑色为 α 相，白色 β 相。显微组织如图 4-3 所示。

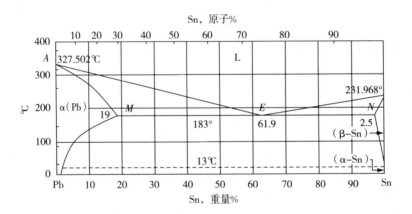

图 4-1　Pb-Sn 相图

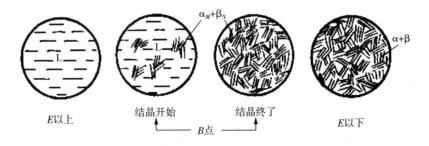

图 4-2　Pb-Sn 共晶合金平衡凝固过程示意图

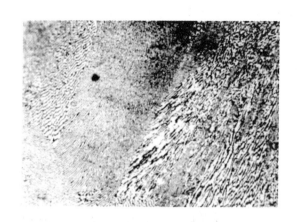

图 4 - 3　Pb - Sn 共晶合金的显微组织

2. 亚共晶合金（Pb - 40％Sn 合金）

由图 4 - 1 可知，成分位于共晶点 E 以左，M 点以右的合金叫作亚共晶合金，当温度下降时，α 固溶体从液相中不断析出，此时液相 L 的成分沿液相线 AE 变化，α 固溶体的成分沿固相线 AM 变化。随着温度的继续下降，液相逐渐减少，而 α_M（Pb）相不断增多。剩余的液相成分达到 E 点，此时便发生共晶转变，即 $L_E \rightarrow \alpha_M + \beta_N$。此反应一直进行到液相全部形成共晶为止。此时合金由初生的固溶体（α_M）和共晶体所组成。当合金继续冷却时，由于固溶体溶解度的改变，从 α 固溶体（包括初生 α 和共晶体中的 β）内不断析出 β_{II}，而从 β 固溶体（共晶体中）不断析出 α_{MII} 直至室温。由于 α_{MII} 和 β_{NII} 析出量不多，可能在原共晶相生长，因此除了在初生的 α 固溶体中可看到 β_{NII} 之外，共晶组织的特征基本保持不变。Pb - 40％Sn 亚共晶合金的室温组织为：初生 α 相加共晶和二次 β 相；初生 α 相为黑色树枝状结晶。共晶为典型黑白相间层片状，与合金 1 中的共晶组织相同。

3. 过共晶合金（Pb - 80％Sn 合金）

由图 4 - 1 可知，成分位于共晶点 E 以右，N 点以左的合金叫作过共晶合金。其平衡凝固过程及显微组织与亚共晶合金类似，只是初晶为 β 固溶体，而不是 α 固溶体，由于 Pb 在 Sn 中的溶解度变化不大，因此很少见二次 α 在初生 β 相周围。Pb - 80％Sn 过共晶合金的室温组织为：初生 β 相和共晶。初生 β 相为白色，共晶为典型黑白相间层片状，与合金 1 中的共晶组织相同，显微组织如图 4 - 4 所示。

（二）Al - 10％～13％Si 二元合金

铝硅合金－铝硅合金是应用最广泛的一种铸造铝合金，常称为硅铝明，典牌号为：ZL102，含硅量为 11％～13％，如图 4 - 5 所示。从铝硅合金相图可知，其成分在共晶点附近（共晶点：11.7％），因而有良好的铸造性，即流动性较好，

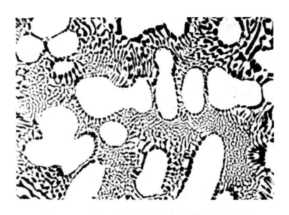

图 4 - 4　Pb - Sn 过共晶合金的显微组织

产生铸造裂纹的倾向小。但铸造后得到的组织是粗大针状的硅晶体和 α 固溶体所组成的共晶体及少量呈多面体的初生硅晶体，如图 4 - 6 所示。粗大的硅晶体极脆，因而严重地降低了合金的韧性与塑性。为了改善合金的性能，可采用变质处理，即在浇铸前在合金液体中加入占合金重量 2％～3％的变质剂（常用的变质剂有：2/3NaF＋1/3NaCl 的钠盐混合物），由于钠能促进 Si 的生核，并能吸附在硅的表面阻碍它长大，使合金组织大大细化，同时，使共晶点右移，而原合金成分变为亚共晶成分（如图 4 - 5 中虚线所示），所以变质处理后的组织有初生相固溶体 α 和细密的共晶体（α＋Si）组织，共晶中的硅细化，因而使合金的强度与塑性显著改善。Al - 10％～13％Si 合金变质处理后的显微组织，如图 4 - 7 所示。

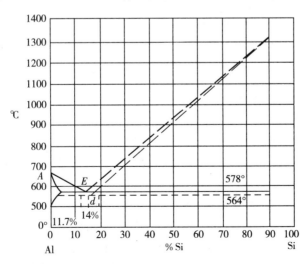

图 4 - 5　Al - Si 相图

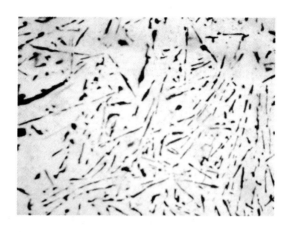

图 4 - 6 Al - Si 合金变质前的显微组织

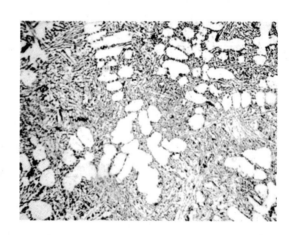

图 4 - 7 Al - Si 合金变质后的显微组织

（三）Pb - Sn - Bi 合金

1. 10％Pb - 20％Sn - 70％Bi 合金

此合金为三元合金，其相图如图 4 - 8 所示。图中，Bi、Pb、Sn 分别表示纯组元，（Bi）、（Pb）、（Sn）分别代表以铋、铅、锡为溶剂的固溶体。10％Pb - 20％Sn - 70％Bi 合金的室温组织是：初生相（Bi）、二元共晶（Bi＋Sn）和三元共晶（Bi＋Pb＋Sn）组织所组成。初生相（Bi）为白亮的块状，而在（Bi）的周围是，二元共晶（Bi＋Sn），在显微镜下呈黑白相间的形态，而三元共晶组织是最后结晶的组织，由于过冷度很大，形核率高，因而比二元共晶组织更细、颜色更暗一些，高倍下可观察到层片状形态。在显微镜下观察到的组织特征如图 4 - 9 所示。

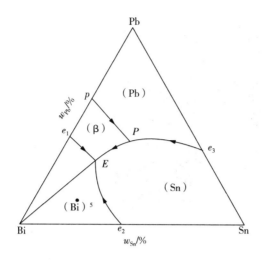

图 4 - 8 Pb - Sn - Bi 三元合金液相面投影图

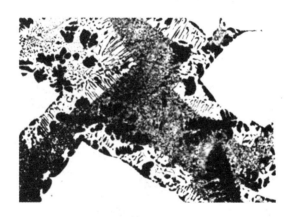

图 4 - 9 10％Pb - 20％Sn - 70％Bi 合金显微组织

2.16％Pb - 26％Sn - 58％Bi 合金

具体结晶过程：此合金刚好位于二元共晶线上，在结晶过程中首先从液相中析出（Bi＋Sn）二元共晶组织，液相浓度沿 $e_2 E$ 变化。当液体金属继续冷却到三元共晶 E 点的温度时，剩余液体全部转变为（Bi＋Pb＋Sn）三元共晶组织。所以最后得到的显微组织是：二元共晶（Bi＋Sn）和三元共晶（Bi＋Pb＋Sn）。由于二元共晶先结晶，所以比三元共晶组织粗大，如图 4 - 10 所示。

3.20％Pb - 10％Sn - 70％Bi 合金

具体结晶过程：此合金结晶时，首先从液相中析出初生相（Bi），其液相浓度沿 AE 线方向变化。当液相继续冷却到三元共晶点 T_E 的温度时，就发生了三

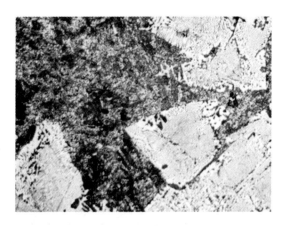

图 4-10　16％Pb-26％Sn-58％Bi 合金显微组织

元共晶转变，即从液相中析出了（Bi＋Pb＋Sn）三元共晶组织，直到剩余液相结晶完了为止。其室温下组织为初生相（Bi）（白亮块状）及三元共晶所组成，如图4-11所示。

图 4-11　20％Pb-10％Sn-70％Bi 合金显微组织

实验五　X射线衍射仪结构与
工作原理，衍射图谱与分析

（一）X射线衍射仪结构与实验

一、实验目的

概括了解X射线衍射晶体分析仪的构造与使用。

二、X射线晶体分析仪介绍

X射线晶体分析仪包括X射线管、高压发生器以及控制线路等部分。

图5-1是目前常用的热电子密封式X射线管的示意图。阴极由钨丝绕成螺线形，工作时通电至白热状态。由于阴阳极间有几十千伏的电压，故热电子以高速撞击阳极靶面。为防止灯丝氧化并保证电子流稳定，管内抽成$1.33 \times 10^{-9} \sim 1.33 \times 10^{-11}$ MPa的高真空。为使电子束集中，在灯丝外设有聚焦罩。阳极靶由熔点高、导热性好的铜制成，靶面上镀一层纯金属。常用的金属材料有Cr、Fe、Co、Ni、Cu、Mo、W等。当高速电子撞击阳极靶面时，便有部分动能转化为X射线，但其中约有99％将转变为热。为了保护阳极靶面，管子工作时需强制冷却。为了使用流水冷却，也为了操作者的安全，应使X射线管的阳极接地，而阴极则由高压电缆加上负高压。X射线管有相当厚的金属管套，使X射线只能从窗

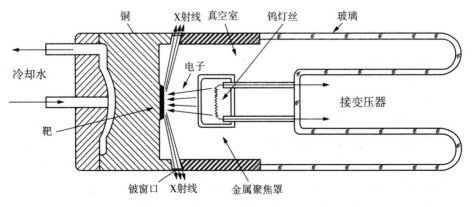

图5-1　热电子密封式X射线管的示意图

口射出。窗口由吸收系数较低的 Be 片制成。结构分析 X 射线管通常有四个对称的窗口，靶面上被电子轰击的范围称为焦点，它是发射 X 射线的源泉。用螺线形灯丝时，焦点的形状为长方形（尺寸常为 1mm×10mm），此称实际焦点。窗口位置的设计，使得射出的 X 射线与靶面成 6°角，如图 5-2 所示。从长方形短边上的窗口所看到的焦点为 1mm² 的正方形，称点焦点，在长边方向看则得到线焦点。一般的照相多采用点焦点，而线焦点则多用在衍射仪上。

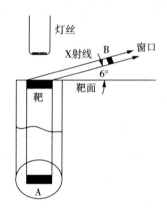

图 5-2　射出的 X 射线与靶面成 6°角示意图

X 射线晶体分析仪由交流稳压器、调压器、高压发生器、整流与稳压系统、控制电路及管套等组成。

启动分析仪按下列程序进行：

（1）打开冷却水，继电器触点 K_1 即接通。

（2）接通外电源。

（3）按低压按钮 SB_3，交流接触器 KM_1 接通，即其触点 KM_1-1、KM_1-2 接通。

（4）预热 3min 后按下高压按钮 SB_4。S 表示管流零位开关及过负荷开关，正常情况下应接通，故交流接触器 KMn-1、KMn-2 接通。

（5）根据 X 射线管的额定功率确定管压和管流。调整管压系通过调压器改变高压变压器的一次电压来实现。经过由二极管 V_1、V_2 及电容 C_1、C_2 组成的倍压全波整流线路将高压加到 X 射线管上。高压值由电压表读出。通过灯丝电位器 R 可调节管流，其数值由电流表读出。

关闭的过程与起动的过程相反，即先将管流、管压降至最小值，再切断高压，切断低压电及外电源，经 15min 后关闭冷却水。

使用 X 射线仪时必须注意安全，防止人身体的任何部位受到 X 射线的直接照射及散射，防止触及高压部件及线路，并使工作室有经常的良好通风。

三、X 射线衍射仪简介

传统的衍射仪由 X 射线发生器、测角仪、记录仪等部分组成。自动化衍射仪是近年才出现的新产品，它采用微计算机进行程序的自动控制。图 5-3 为日本理光光学电机公司生产的 D/max-B 型自动化衍射仪。入射 X 射线经狭缝照射到多晶试样上，衍射线的单色化可借助于滤波片或单色器。衍射线被探测器所接收，电脉冲经放大后进入脉冲高度分析器。操作者在必要时可利用该设备自动画出脉冲高度分布曲线，以便正确选择基线电压与上限电压。信号脉冲可送至计数率仪，并在记录仪上画出衍射图。脉冲亦可送至计数器（以往称为定标器），经微处理机进行寻峰、计算峰积分强度或宽度、扣除背底等处理，并在屏幕上显示或通过打印机将所需的图形或数据输出。控制衍射仪的专用微机可通过带编码器的步进电机控制试样（θ）及探测器（2θ）进行连续扫描、阶梯扫描，连动或分别动作等。目前，衍射仪都配备计算机数据处理系统，使衍射仪的功能进一步扩展，自动化水平更加提高。衍射仪目前已具有采集衍射资料，处理图形数据，查找管理文件以及自动进行物相定性分析等功能。

照片：D/mX 2500PC

图 5-3　D/max-B 型自动化衍射仪

物相定性分析是 X 射线衍射分析中最常用的一项测试，衍射仪可自动完成这一过程。首先，仪器按所给定的条件进行衍射数据自动采集，接着进行寻峰处理并自动启动程序。当检索开始时，操作者要选择输出级别（扼要输出、标准输出或详细输出），选择所检索的数据库（在计算机硬盘上，存贮着物相数据库，约有物相 46000 种，并设有无机、有机、合金、矿物等多个分库），指出测试时所使用的靶、扫描范围、实验误差范围估计，并输入试样的元素信息等。此后，系统将进行自动检索匹配，并将检索结果打印输出。

四、实验内容

（1）由教师介绍 X 射线衍射晶体分析仪的构造并作示范操作。

（2）由教师介绍粉末试样的制备、实验参数选择、实验过程等。

（3）由学生独立完成粉末相的试验数据整理与分析。

五、对实验报告的要求

（1）简述 X 射线晶体分析仪的构造。

（2）将测量与计算数据以表格列出。

（3）写出实验的体会与疑问。

（二）X 射线物相定性分析

一、实验目的

（1）概括了解 X 射线衍射仪的结构及使用。

（2）练习用 PDF（ASTM）卡片及索引对多相物质进行相分析。

二、用衍射仪进行物相分析

为适应初学者的基础训练，下面的描述仍多以手工衍射仪和人工检索为基础。

1. 试样

衍射仪一般采用块状平面试样，它可以是整块的多晶体，亦可用粉末压制。金属样可从大块中切割出合适的大小（例如 20mm×15mm），经砂轮、砂纸磨平再进行适当的浸蚀而得。分析氧化层时表面一般不作处理，而化学热处理层的处理方法须视实际情况进行（例如可用细砂纸轻磨去氧化皮）。

粉末样品应有一定的粒度要求，这与德拜相的要求基本相同（颗粒大小约为 $1\sim10\mu m$ 数量级。粉末过 $200\sim325$ 目筛子即合乎要求），不过由于在衍射仪上摄照面积较大，故允许采用稍粗的颗粒。根据粉末的数量可压在玻璃制的通框或浅框中。压制时一般不加黏结剂，所加压力以使粉末样品粘牢为限，压力过大可能导致颗粒的择优取向。当粉末数量很少时，可在玻璃片上抹上一层凡士林，再将粉末均匀撒上。

2. 测试参数的选择

描画衍射图之前，需考虑确定的实验参数很多，如 X 射线管阳极的种类、滤片、管压、管流等。衍射仪需设置的主要参数有：脉冲高度分析器的基线电压、上限电压；计数率仪的满量程，如每秒为 500 计数、1000 计数或 5000 计数等；计数率仪的时间常数，如 0.1s、0.5s、1s 等，测角仪连续扫描速度，如 0.01°/s、0.03°/s 或 0.05°/s 等；扫描的起始角和终止角等。此外，还可以设置寻峰扫描、阶梯扫描等其他方式。

3. 衍射图的分析

先将衍射图上比较明显的衍射峰的 2θ 值量度出来。测量可借助于三角板和米尺。将米尺的刻度与衍射图的角标对齐，令三角板一直角边沿米尺移动，另一直角边与衍射峰的对称（平分）线重合，并以此作为峰的位置。估计出百分之一度（或十分之一度）的 2θ 值，并通过工具书查出对应的 d 值。又按衍射峰的高度估计出各衍射线的相对强度。有了 d 系列与 I 系列之后，取前反射区三根最强线为依据，查阅索引，用尝试法找到可能的卡片，再进行详细对照。如果对试样中的物相已有初步估计，亦可借助字母索引来检索。

确定一个物相之后，将余下线条进行强度的归一处理，再寻找第二相。有时亦可根据试样的实际情况作出推断，直至所有的衍射均有着落为止。

4. 举例

球墨铸铁试片经 570℃ 气体软氮化 4h，用 CrK_α 照射。将各衍射峰对应的 2θ，d 及 I/I_1，列成表格，即表 5-1 中左边的数据。根据文献资料，知渗氮层中可能有各种铁的氮化物，于是按英文名称 "IronNitride" 翻阅字母索引，找出 Fe_3N、$\zeta-Fe_2N$、εFe_3N-Fe_4N 等物相的卡片。与实验数据相对照后，确定了 "εFe_3N-Fe_2N" 及 "Fe_3N" 两个物相，并有部分残留线条。根据试样的具体情况，猜测可能出现基体相有铁的氧化物的线条。经与这些卡片相对照，确定了物相 $\alpha-Fe_3O_4$ 衍射峰的存在。各物相线条与实验数据对应的情况，已列于表 5-1 中。

表 5-1

实验数据			卡片数据						
			3-0925 εFe_3N-Fe_2N		1-1236 Fe_3N		6-0696 $\alpha-Fe$		19-629 Fe_3O_4	
2θ	d/Å	I/I_1	d/Å	I/I_1	d/Å	I/I_1	d/Å	I/I_1	d/Å	I/I_1
27.30	4.8560	2							4.850	8
45.43	2.9680	15							2.967	30
53.89	2.5290	30							2.532	100
57.35	2.3870	2			2.38	20				

（续表）

实验数据			卡片数据							
			3 – 0925 $\varepsilon Fe_3N – Fe_2N$		1 – 1236 Fe_3N		6 – 0696 $\alpha – Fe$		19 – 629 Fe_3O_4	
58.62	2.3380	20	2.34	100						
63.11	2.1890	45	2.19	100	2.19	25				
62.20	2.0980	20			2.09	100			2.099	20
67.40	2.0650	100	2.06	100						
68.80	2.0275	40					2.0268	100		
90.30	1.6156	5			1.61	25			1.616	30
91.54	1.5986	20	1.59	100						
101.18	1.4829	5							1.485	40
105.90	1.4350	5					1.4332	19		
112.50	1.3776	5			1.37	25				
116.10	1.3500	20	1.34	100						
135.27	1.2385	40	1.23	100	1.24	25				

根据具体情况判断，各物相可能处于距试样表面不同深度处。其中 Fe_3O_4 应在最表层，但因数量少，且衍射图背底波动较大，致某些弱线未能出现。离表面稍远的应是"$\varepsilon Fe_3N – Fe_2N$"相，这一物相的数量较多，因它占据了衍射图中比较强的线。再往里应是 PqN，其数量比较少。$\alpha – Fe$ 应在离表面较深处，它在被照射的体积中所占分量较大，因为它的线条亦比较强。从这一点，又可判断出氮化层并不太厚。

衍射线的强度跟卡片对应尚不够理想，特别是 $d = 2.065 Å$ 这根线比其他线条强度大得多。本次分析对线条强度只进行了大致的估计，实验条件跟制作卡片时亦不尽相同，这些都是造成强度差别的原因。至于各物相是否存在择优取向，则尚未进行审查。

三、实验内容及报告

（1）由教师在现场介绍衍射仪的构造，进行操作表演，并描画一两个衍射峰。

（2）以 2～3 人为一组，按事先描绘好的多相物质的衍射图进行物相定性分析。

（3）记录所分析的衍射图的测试条件，将实验数据及结果以表格形式列出。

实验六　透射电镜结构及
工作原理，电子衍射及衬度像

（一）透射电子显微镜结构与工作原理

一、实验目的与任务

（1）结合透射电镜实物，介绍其基本结构及工作原理，以加深对透射电镜结构的整体印象，加深对透射电镜工作原理的了解。

（2）选用合适的样品，通过明暗场像操作的实际演示，了解明暗场成像原理。

二、透射电镜的基本结构及工作原理

透射电子显微镜是一种具有高分辨率、高放大倍数的电子光学仪器，被广泛应用于材料科学等研究领域。透射电镜以波长极短的电子束作为光源，电子束经由聚光镜系统的电磁透镜将其聚焦成一束近似平行的光线穿透样品，再经成像系统的电磁透镜成像和放大，然后电子束投射到主镜筒最下方的荧光屏上形成所观察的图像。在材料科学研究领域，透射电镜主要用于材料微区的组织形貌观察、晶体缺陷分析和晶体结构测定。

透射电子显微镜按加速电压分类，通常可分为常规电镜（100kV）、高压电镜（300kV）和超高压电镜（500kV 以上）。提高加速电压，可缩短入射电子的波长。一方面有利于提高电镜的分辨率；同时又可以提高对试样的穿透能力，这不仅可以放宽对试样减薄的要求，而且厚试样与近二维状态的薄试样相比，更接近三维的实际情况。就当前各研究领域使用的透射电镜来看，其主要三个性能指标大致如下。

加速电压：80~3000kV。

分辨率：点分辨率为 0.2~0.35nm（2~3.5Å）、线分辨率为 0.1~0.2nm（1~2Å）。

最高放大倍数：30 万~100 万倍。

尽管近年来商品电镜的型号繁多，高性能多用途的透射电镜不断出现，但总体说来，透射电镜一般由电子光学系统、真空系统、电源及控制系统三大部分组

成。此外，还包括一些附加的仪器和部件、软件等。实物图如图6-1所示。

图 6-1　透射电镜实物图

1. 电子光学系统

电子光学系统通常又称为镜筒，是电镜最基本的组成部分，是用于提供照明、成像、显像和记录的装置。整个镜筒自上而下顺序排列着电子枪、双聚光镜、样品室、物镜、中间镜、投影镜、观察室、荧光屏及照相室等。通常又把电子光学系统分为照明、成像和观察记录部分。

2. 真空系统

为保证电镜正常工作，要求电子光学系统应处于真空状态下。电镜的真空度一般应保持在 10^{-5} Torr（1Torr＝133.3Pa），这需要机械泵和油扩散泵两级串联才能得到保证。目前的透射电镜增加一个离子泵以提高真空度，真空度可高达 133×10^{-6} Pa 或更高。如果电镜的真空度达不到要求会出现以下问题：

（1）电子与空气分子碰撞改变运动轨迹，影响成像质量。

（2）栅极与阳极间空气分子电离，导致极间放电。

（3）阴极炽热的灯丝迅速氧化烧损，缩短使用寿命甚至无法正常工作。

（4）试样易于氧化污染，产生假象。

3. 供电控制系统

供电系统主要提供两部分电源：一是用于电子枪加速电子的小电流高压电源；二是用于各透镜激磁的大电流低压电源。目前先进的透射电镜多已采用自动控制系统，其中包括真空系统操作的自动控制，从低真空到高真空的自动转换、真空与高压启闭的连锁控制，以及用计算机控制参数选择和镜筒合轴对中等。

三、实验报告要求

（1）简述透射电镜的基本结构。

（2）绘图并举例说明暗场成像的原理。

（二）选区电子衍射及明、暗场成像

一、实验目的与任务

（1）通过选区电子衍射的实际操作演示，加深对选区电子衍射原理的了解。

（2）选择合适的薄晶体样品，利用双倾台进行样品取向的调整，利用电子衍射花样测定晶体取向的基本方法。

二、选区电子衍射的原理和操作

1. 选区电子衍射的原理

简单地说，选区电子衍射借助设置在物镜像平面的选区光阑，可以对产生衍射的样品区域进行选择，并对选区范围的大小加以限制，从而实现形貌观察和电子衍射的微观对应。选区光阑用于挡住光阑孔以外的电子束，只允许光阑孔以内视场所对应的样品微区的成像电子束通过，使得在荧光屏上观察到的电子衍射花样仅来自选区范围内晶体的贡献。实际上，选区形貌观察和电子衍射花样不能完全对应，也就是说选区衍射存在一定误差，选区域以外样品晶体对衍射花样也有贡献。选区范围不宜太小，否则将带来太大的误差。对于 100kV 的透射电镜，最小的选区衍射范围约 $0.5\mu m$；加速电压为 1000kV 时，最小的选区范围可达 $0.1\mu m$。

2. 选区电子衍射的操作

（1）在成像的操作方式下，使物镜精确聚焦，获得清晰的形貌像。

（2）插入并选用尺寸合适的选区光阑围住被选择的视场。

（3）减小中间镜电流，使其物平面与物镜背焦面重合，转入衍射操作方式。对于近代的电镜，此步操作可按"衍射"按钮自动完成。

（4）移出物镜光阑，在荧光屏上显示电子衍射花样可供观察。

（5）需要拍照记录时，可适当减小第二聚光镜电流，获得更趋近平行的电子束，使衍射斑点尺寸变小。

三、选区电子衍射的应用

单晶电子衍射花样可以直观地反映晶体二维倒易平面上阵点的排列，而且选区衍射和形貌观察在微区上具有对应性，因此选区电子衍射一般有以下几个方面的应用：

（1）根据电子衍射花样斑点分布的几何特征，可以确定衍射物质的晶体结构；再利用电子衍射基本公式 $Rd = L\lambda$，可以进行物相鉴定。

（2）确定晶体相对于入射束的取向。

（3）在某些情况下，利用两相的电子衍射花样可以直接确定两相的取向关系。

（4）利用选区电子衍射花样提供的晶体学信息，并与选区形貌像对照，可以进行第二相和晶体缺陷的有关晶体学分析，如测定第二相在基体中的生长惯习面、位错的柏氏矢量等。

以下仅介绍其中两个方面的应用实例。

特征平面的取向分析：特征平面是指片状第二相、惯习面、层错面、滑移面、孪晶面等平面。特征平面的取向分析（即测定特征平面的指数）是透射电镜分析工作中经常遇到的一项工作。利用透射电镜测定特征平面的指数，其根据是选区衍射花样与选区内组织形貌的微区对应性。这里特介绍一种最基本、较简便的方法。该方法的基本要点为：使用双倾台或旋转台倾转样品，使特征平面平行于入射束方向，在此位向下获得的衍射花样中将出现该特征平面的衍射斑点。把这个位向下拍照的形貌像和相应的选区衍射花样对照，经磁转角校正后，即可确定特征平面的指数。其具体操作步骤如下：

① 利用双倾台倾转样品，使特征平面处于与入射束平行的方向。

② 拍照包含有特征平面的形貌像，以及该视场的选区电子衍射花样。

③ 标定选区电子衍射花样，经磁转角校正后，将特征平面在形貌像中的迹线画在衍射花样中。

④ 由透射斑点作迹线的垂线，该垂线所通过的衍射斑点的指数即为特征平面的指数。

镍基合金中的片状 $\delta - Ni_3Nb$ 相常沿着基体（面心立方结构）的某些特定平面生长。当片状 δ 相表面相对入射束倾斜一定角度时，在形貌像中片状相的投影宽度较大，如图 6-2（a）所示；如果倾斜样品使片状相表面逐渐趋近平行于入射束，其在形貌像中的投影宽度将不断减小；当入射束方向与片状相表面平行时，片状相在形貌像中显示最小的宽度，如图 6-2（b）所示。图 6-2（c）是入射电子束与片状 δ 相表面平行时拍照的基体衍射花样。由图 6-2（c）所示的衍射花样的标定结果，可以确定片状 δ 相的生长惯习面为基体的（111）面。通常习惯用基体的晶面表示第二相的惯习面。

图 6-3 是镍基合金基体中孪晶的形貌像及相应的选区衍射花样。图 6-3 中的形貌像和衍射花样是在孪晶面处于平行入射束的位向下拍照的。将孪晶的形貌像与选区衍射花样的对照，很容易确定孪晶面为（111）。

 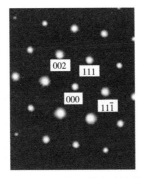 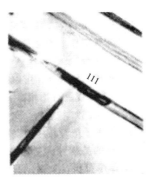

（a）δ相在基体中的分布形态　　（b）δ相表面平行入射束时的形态　　（c）基体[110]晶带衍射花样

图 6-2　镍基合金中片状δ相的分布形态及选区衍射花样

 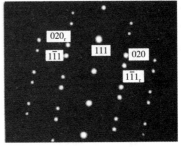

（a）孪晶的形貌　　　　　　　（b）[101]$_M$、[101]$_r$晶带衍射花样

图 6-3　镍基合金中孪晶的形貌及选区衍射花样

图 6-4（a）是镍基合金基体和r″相的电子衍射花样，图实 6-4（b）是 r″（002）衍射成的暗场像。由图可见，暗场像可以清晰地显示析出相的形貌及其在基体中的分布，用暗场像显示析出相的形态是一种常用的技术。

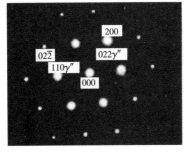 

（a）基体[011]$_M$和γ″相[110]$_r$晶带衍射花样　　　（b）γ″相的暗场像

图 6-4　镍基合金中 γ″相在基体中的分布及选区电子衍射花样

四、明暗场成像原理及操作

1. 明暗场成像原理

晶体薄膜样品明暗场像的衬度（即不同区域的亮暗差别），是由于样品相应的不同部位结构或取向的差别导致衍射强度的差异而形成的，因此称其为衍射衬度，以衍射衬度机制为主形成的图像称为衍衬像。如果只允许透射束通过物镜光阑成像，称其为明场像；如果只允许某支衍射束通过物镜光阑成像，则称为暗场像。就衍射衬度而言，样品中不同部位结构或取向的差别，实际上表现在满足或偏离布拉格条件程度上的差别。满足布拉格条件的区域，衍射束强度较高，而透射束强度相对较弱，用透射束成明场像该区域呈暗衬度；反之，偏离布拉格条件的区域，衍射束强度较弱，透射束强度相对较高，该区域在明场像中显示亮衬度。而暗场像中的衬度则与选择哪支衍射束成像有关。如果在一个晶粒内，在双光束衍射条件下，明场像与暗场像的衬度恰好相反。

2. 明场像和暗场像

明暗场成像是透射电镜最基本也是最常用的技术方法，其操作比较容易。这里仅对暗场像操作及其要点简单介绍如下：

（1）在明场像下寻找感兴趣的视场。

（2）插入选区光阑围住所选择的视场。

（3）按"衍射"按钮转入衍射操作方式，取出物镜光阑，此时荧光屏上将显示选区域内晶体产生的衍射花样。为获得较强的衍射束，可适当地倾转样品调整其取向。

（4）倾斜入射电子束方向，使用于成像的衍射束与电镜光轴平行，此时该衍射斑点应位于荧光屏中心。

（5）插入物镜光阑套住荧光屏中心的衍射斑点，转入成像操作方式，取出选区光阑。此时，荧光屏上显示的图像即为该衍射束形成的暗场像。

通过倾斜入射束方向，把成像的衍射束调整至光轴方向，这样可以减小球差，获得高质量的图像。用这种方式形成的暗场像称为中心暗场像。在倾斜入射束时，应将透射斑移至原强衍射斑（hkl）位置，而（$\overline{hkl}$）弱衍射斑相应地移至荧光屏中心，变成强衍射斑点，这一点应该在操作时引起注意。

图 6-5 是相邻两个钨晶粒的明场像和暗场像。由于 A 晶粒的某晶面满足布拉格条件，衍射束强度较高，因此在明场像中显示暗衬度。图 6-5（b）是 A 晶粒的衍射束形成的暗场像，因此 A 晶粒显示亮衬度，而 B 晶粒则为暗像。图 6-6 是显示析出相（ZrlI$_3$）在铝合金基体中分布的明场像和暗场像，图 6-6（b）是析出相衍射束形成的暗场像。利用暗场像观测析出相的尺寸、空间形态及其在

基体中的分布，是衍衬分析工作中一种常用的实验技术。图 6-7 是位错的明暗场像，明场像中位错线显现暗线条，暗场像衬度恰好与此相反。图 6-8 是面心立方结构的铜合金中层错的明暗场像。利用层错明暗场像外侧条纹的衬度，可以判定层错的性质。

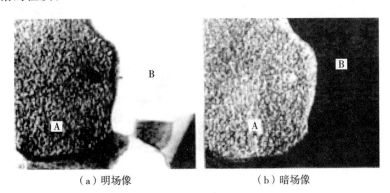

（a）明场像　　　　　　　　（b）暗场像

图 6-5　显示钨合金晶粒的衍射像

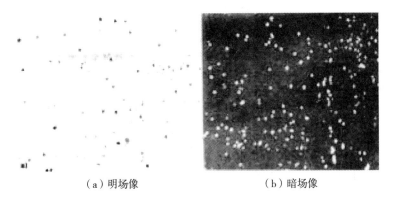

（a）明场像　　　　　　　　（b）暗场像

图 6-6　显示析出相在铝合金基体中分布的衍射像

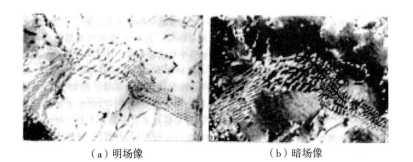

（a）明场像　　　　　　　　（b）暗场像

图 6-7　铝合金中位错分布形态衍射像

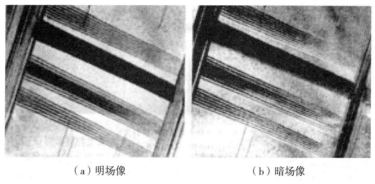

（a）明场像　　　　　　　　　（b）暗场像

图 6-8　铜合金中层错的衍射像

实验七　SEM 结构、EDS 结构及工作原理

（一）扫描电镜的结构原理及图像衬度观察

一、实验目的与任务

（1）结合扫描电镜实物，介绍其基本结构和工作原理，加深对扫描电镜结构及原理的了解。

（2）选用合适的样品，通过对表面形貌衬度和原子序数衬度的观察，了解扫描电镜图像衬底原理及其应用。

二、扫描电镜的基本结构和工作原理

扫描电子显微镜利用细聚焦电子束在样品表面逐点扫描，与样品相互作用行各种物理信号，这些信号经检测器接收、放大并转换成调制信号，最后在荧光屏上显示反映样品表面各种特征的图像。扫描电镜具有景深大、图像立体感强、放大倍数范围大、连续可调、分辨率高、样品室空间大且样品制备简单等特点，是进行样品表面研究的有效分析工具。

扫描电镜所需的加速电压比透射电镜要低得多，一般约为 $1\sim30kV$，实验时可根据被分析样品的性质适当地选择，最常用的加速电压约在 20kV 左右。扫描电镜的图像放大倍数在一定范围内（几十倍到几十万倍）可以实现连续调整，放大倍数等于荧光屏上显示的图像横向长度与电子束在样品上横向扫描的实际长度之比。扫描电镜的电子光学系统与透射电镜有所不同，其作用仅仅是为了提供扫描电子束，作为使样品产生各种物理信号的激发源。扫描电镜最常使用的是二次电子信号和背散射电子信号，前者用于显示表面形貌衬度，后者用于显示原子序数衬度。

扫描电镜的基本结构可分为电子光学系统、扫描系统、信号检测放大系统、图像显示和记录系统、真空系统和电源及控制系统六大部分。

三、扫描电镜图像衬度观察

1. 样品制备

扫描电镜的优点之一是样品制备简单，对于新鲜的金属断口样品不需要做任

何处理，可以直接进行观察。但在有些情况下需对样品进行必要的处理。

（1）样品表面附着有灰尘和油污，可用有机溶剂（乙醇或丙酮）在超声波清洗器中清洗。

（2）样品表面锈蚀或严重氧化，采用化学清洗或电解的方法处理。清洗时可能会失去一些表面形貌特征的细节，操作过程中应该注意。

（3）对于不导电的样品，观察前需在表面喷镀一层导电金属或碳，镀膜厚度控制在 5～10nm 为宜。

2. 表面形貌衬度观察

二次电子信号来自样品表面层 5～10nm，信号的强度对样品微区表面相对于入射束的取向非常敏感，随着样品表面相对于入射束的倾角增大，二次电子的产额增多。因此，二次电子像适合于显示表面形貌衬度。

二次电子像的分辨率较高，一般约为 3～6nm。其分辨率的高低主要取决于束斑直径，而实际上真正达到的分辨率与样品本身的性质、制备方法，以及电镜的操作条件如高压、扫描速度、光强度、工作距离、样品的倾斜角等因素有关，在最理想的状态下，目前可达的最佳分辨率为 1nm。

扫描电镜图像表面形貌衬度几乎可以用于显示任何样品表面的超微信息，其应用已渗透到许多科学研究领域，在失效分析、刑事案件侦破、病理诊断等技术部门也得到广泛应用。在材料科学研究领域，表面形貌衬度在断口分析等方面显示有突出的优越性。下面就以断口分析等方面的研究为例说明表面形貌衬度的应用。

利用试样或构件断口的二次电子像所显示的表面形貌特征，可以获得有关裂纹的起源、裂纹扩展的途径以及断裂方式等信息，根据断口的微观形貌特征可以分析裂纹萌生的原因、裂纹的扩展途径以及断裂机制。

图 7-1 是比较常见的金属断口形貌二次电子像。较典型的解理断口形貌如图 7-1 （a）所示，在解理断口上存在有许多台阶。在解理裂纹扩展过程中，台阶相互汇合形成河流花样，这是解理断裂的重要特征。准解理断口的形貌特征见图 7-1 （b），准解理断口与解理断口有所不同，其断口中有许多弯曲的撕裂棱，河流花样由点状裂纹源向四周放射。沿晶断口特征是晶粒表面形貌组成的冰糖状花样，见图 7-1 （c）。图 7-1 （d）显示的是韧窝断口的形貌，在断口上分布着许多微坑，在一些微坑的底部可以观察到夹杂物或第二相粒子。由图 7-1 （e）可以看出，疲劳裂纹扩展区断口存在一系列大致相互平行、略有弯曲的条纹，称为疲劳条纹，这是疲劳断口在扩展区的主要形貌特征。图 7-1 示出的具有不同形貌特征的断口，若按裂纹扩展途径分类，其中解理、准解理和韧窝型属于穿晶断裂，显然沿晶断口的裂纹扩展是沿晶粒表面进行的。

图 7-2 是灰铸铁显微组织的二次电子像，基体为珠光体加少量铁素体，在基体上分布着较粗大的片状石墨。与光学显微镜相比，利用扫描电镜表面形貌衬度显示材料的微观组织，具有分辨率高和放大倍数大的优点，适合于观察光学显微镜无法分辨的显微组织。为了提高表面形貌衬度，在腐蚀试样时，腐蚀程度要比光学显微镜使用的金相试样适当地深一些。

表面形貌衬度还可用于显示表面外延生长层（如氧化膜、镀膜、磷化膜等）的结晶形态。这类样品一般不需进行任何处理，可直接观察。图 7-3 是低碳钢板表面磷化膜的二次电子像，它清晰地显示了磷化膜的结晶形态。

3. 原子序数衬度观察

原子序数衬度是利用对样品表层微区原子序数或化学成分变化敏感的物理信号，如背散射电子、吸收电子等作为调制信号而形成的一种能反映微区化学成分差别的像衬度。实验证明，在实验条件相同的情况下，背散射电子信号的强度随原子序数增大而增大。在样品表层平均原子序数较大的区域，产生的背散射信号强度较高，背散射电子像中相应的区域显示较亮的衬度；而样品表层平均原子序数较小的区域则显示较暗的衬度。由此可见，背散射电子像中不同区域衬度的差别，实际上反映了样品相应不同区域平均原子序数的差异，据此可定性分析样品微区的化学成分分布。吸收电子像显示的原子序数衬度与背散射电子像相反，平均原子序数较大的区域图像衬度较暗，平均原子序数较小的区域显示较亮的图像衬度。原子序数衬度适合于研究钢与合金的共晶组织，以及各种界面附近的元素扩散。

图 7-4 是 Al-Li 合金铸态共晶组织的背散射电子像。由图可见，基体 a-Al 固溶体由于其平均原子序数较大，产生背散射电子信号强度较高，显示较亮的图像衬度。在基体中平行分布的针状相为铝锂化合物，因其平均原子序数小于基体而显示较暗的衬度。

在此顺便指出，由于背散射电子是被样品原子反射回来的入射电子，其能量较高，离开样品表面后沿直线轨迹运动，因此信号探测器只能检测到直接射向探头的背散射电子，有效收集立体角小，信号强度较低。尤其是样品中背向探测器的那些区域产生的背散射电子，因无法到达探测器而不能被接收。所以利用闪烁体计数器接收背散射电子信号时，只适合于表面平整的样品，实验前样品表面必须抛光而不需腐蚀。

四、实验报告要求

（1）简述扫描电镜的基本结构及特点。

（2）举例说明扫描电镜表面形貌衬度和原子序数衬度的应用。

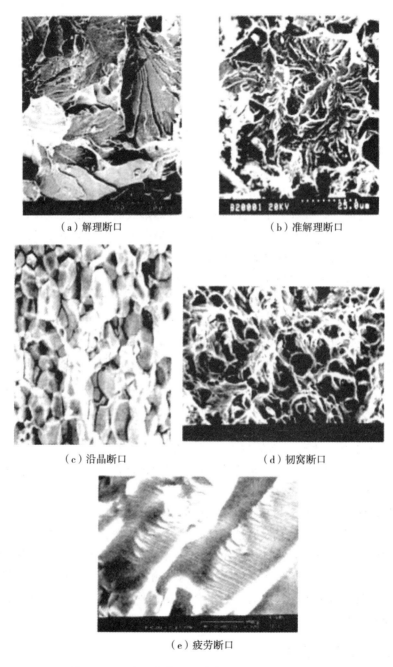

（a）解理断口　　　　　　　　（b）准解理断口

（c）沿晶断口　　　　　　　　（d）韧窝断口

（e）疲劳断口

图 7-1　几种具有典型形貌特征的断口二次电子像

图 7-2　灰铸铁显微
组织二次电子像

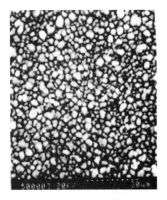

图 7-3　灰低碳钢板
磷化膜结晶二次电子像

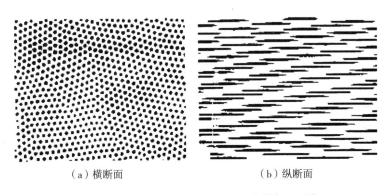

（a）横断面　　　　　　　　　　（b）纵断面

图 7-4　Al-Li 合金铸态共晶组织背散射电子像

（二）电子探针（能谱仪）结构原理及分析方法

一、实验目的与任务

（1）结合电子探针仪实物，介绍其结构特点和工作原理，加深对电子探针的了解。

（2）选用合适的样品，通过实际操作演示，以了解电子探针分析方法及其应用。

二、电子探针的结构特点及原理

电子探针 X 射线显微分析仪（简称电子探针）利用约 1pm 的细焦电子束，

在样品表层微区内激发元素的特征 X 射线，根据特征 X 射线的波长和强度，进行微区化学成分定性或定量分析。电子探针的光学系统、真空系统等部分与扫描电镜基本相同，通常也配有二次电子和背散射电子信号检测器，同时兼有组织形貌和微区成分分析两方面的功能。电子探针的构成除了与扫描电镜结构相似的主机系统以外，还主要包括分光系统、检测系统等部分。本实验这部分内容将结合实验室现有的电子探针，简要介绍与 X 射线信号检测有关部分的结构和原理。

三、电子探针的分析方法

电子探针有三种基本工作方式：点分析用于选定点的全谱定性分析或定量分析，以及对其中所含元素进行定量分析；线分析用于显示元素沿选定直线方向上的浓度变化；面分析用于观察元素在选定微区内浓度分布。

1. 实验条件

（1）样品表面要求平整，必须进行抛光；样品应具有良好的导电性，对于不导电的样品，表面需喷镀一层不含分析元素的薄膜。实验时要准确调整样品的高度，使样品分析表面位于分光谱仪聚焦圆的圆周上。

（2）加速电压电子探针电子枪的加速电压一般为 3～50kV，分析过程中加速电压的选择应考虑待分析元素及其谱线的类别。原则上，加速电压一定要大于被分析元素的临界激发电压，一般选择加速电压为分析元素临界激发电压的 2～3 倍。若加速电压选择过高，导致电子束在样品深度方向和侧向的扩展增加，使 X 射线激发体积增大，空间分辨率下降。同时过高的加速电压将使背底强度增大，影响微量元素的分析精度。

（3）电子束流特征 X 射线的强度与入射电子束流成线性关系。为提高 X 射线信号强度，电子探针必须使用较大的入射电子束流，特别是在分析微量元素或轻元素时，更需选择大的束流，以提高分析灵敏度。在分析过程中要保持束流稳定，在定量分析同一组样品时应控制束流条件完全相同，以获取准确的分析结果。

2. 定点分析

（1）全谱定性分析驱动分光谱仪的晶体连续改变衍射角 θ，记录 X 射线信号强度随波长的变化曲线。检测谱线强度峰值位置的波长，即可获得样品微区内所含元素的定性结果。电子探针分析的元素范围可从铍（序数 4）到铀（序数 92），检测的最低浓度（灵敏度）大致为 0.01%，空间分辨率约在微米数量级。全谱定性分析往往需要花费很长时间。

（2）半定量分析在分析精度要求不高的情况下，可以进行半定量计算。依据是元素的特征 X 射线强度与元素在样品中的浓度成正比的假设条件，忽略了原子序数效应、吸收效应和荧光效应对特征 X 射线强度的影响。实际上，只有样品是由原子序数相邻的两种元素组成的情况下，这种线性关系才能近似成立。在一般情况下，半定量分析可能存在较大的误差，因此其应用范围受到限制。

（3）定量分析在此仅介绍一些有关定量分析的概念，而不涉及计算公式。

样品原子对入射电子的背散射，使能激发 X 射线信号的电子减少；此外入射电子在样品内要受到非弹性散射，使能量逐渐损失，这两种情况均与样品的原子序数有关，这种修正称为原子序数修正。由入射电子激发产生的 X 射线，在射出样品表面的路程中与样品原子相互作用而被吸收，使实际接收到的 X 射线信号强度降低，这种修正称为吸收修正。在样品中由入射电子激发产生的某元素的 X 射线，当其能量高于另一元素特征 X 射线的临界激发能量时，将激发另一元素产生特征 X 射线，结果使得两种元素的特征 X 射线信号的强度发生变化。这种由 X 射线间接地激发产生的元素特征 X 射线称为二次 X 射线或荧光 X 射线，故称此修正为荧光修正。

在定量分析计算时，对接收到的特征 X 射线信号强度必须进行原子序数修正（Z）、吸收修正（A）和荧光修正（F），这种修正方法称为 ZAF 修正。采用 ZAF 修正法进行定量分析所获得的结果，相对精度一般可达 $1\% \sim 2\%$，这在大多数情况下是足够的。但是，对于轻元素（O、C、N、B 等）的定量分析结果还不能令人满意，在 ZAF 修正计算中往往存在相当大的误差，分析时应该引起注意。

3. 线分析

使入射电子束在样品表面沿选定的直线扫描，谱仪固定接收某一元素的特征 X 射线信号，其强度在这一直线上的变化曲线可以反映被测元素在此直线上的浓度分布，线分析法较适合于分析各类界面附近的成分分布和元素扩散。

实验时，首先在样品上选定的区域拍照一张背散射电子像（或二次电子像），再把线分析的位置和线分析结果照在同一张底片上，也可将线分析结果照在另一张底片上，见图 7-5。图 7-5 (a) 是 Al-4.0%Cu（质量分数）合金的背散射电子像，被选定的直线通过胞状 α-Al 晶粒，图 7-5 (b) 是 CuKα X 射线信号强度在此直线上的变化曲线。由图 7-5 (a) 和图 7-5 (b) 可见，在较高的 X 射线强度所对应的位置是富 Cu 的 Al_2Cu 相；在 α-Al 晶粒内部 X 射线的强度较低，说明其固溶的 Cu 含量较少；在胞状 α-Al 晶粒界面内侧存在一个约 $10\mu m$ 宽的 Cu 贫化带。

4. 面分析

使入射电子束在样品表面选定的微区内作光栅扫描，谱仪固定接收某一元素的特征 X 射线信号，并以此调制荧光屏的亮度，可获得样品微区内被测元素的分布状态。元素的面分布图像可以清晰地显示与基体成分存在差别的第二相和夹杂

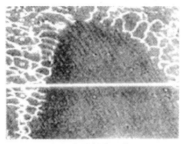 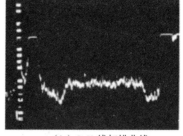

（a）背散射电子像　　　　　　　　（b）CuK_α线扫描曲线

图 7-5　Al-4.0%Cu（质量分数）合金的线扫描分析

物，能够定性地显示微区内某元素的偏析情况。在显示元素特征 X 射线强度的面分布图像中，较亮的区域对应于样品的位置该元素含量较高（富集），暗的区域对应的样品位置该元素含量较低（贫化）。

图 7-6 是与图 7-5 相同的样品区域所拍照的面扫描图像。图 7-6b 可以清晰地显示 Cu 元素在样品微区的分布。

四、实验报告要求

（1）简述电子探针的分析原理。

（2）为什么电子探针应使用抛光样品？

（3）举例说明电子探针在材料研究中的应用。

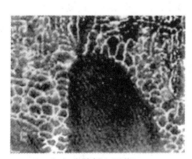 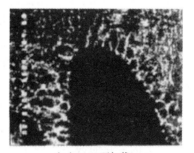

（a）背散射电子像　　　　　　　　（b）CuK_α面扫像

图 7-6　Al-4.0%Cu（质量分数）合金的面扫描分析

第二章　金属热处理和力学性能实验

实验八　奥氏体晶粒大小的测定

一、实验目的

（1）了解测定奥氏体晶粒度的常用方法。

（2）掌握用氧化法或直接腐蚀法显示钢的奥氏体晶粒，用比较法评定晶粒度级别。

（3）研究加热温度对奥氏体晶粒大小的影响。

二、实验原理

钢材加热到相变温度（临界点 AC_1 或 AC_3、AC_m）以上，形成奥氏体组织。由于钢种、加热温度和保温时间等因素的不同，所得到的奥氏体晶粒大小也不相同。

奥氏体晶粒大小可用晶粒直径（d）或单位面积中晶粒数（n）等来表示。为了方便，生产上多采用晶粒度来表示晶粒数目。奥氏体晶粒度的级别 N 与奥氏体晶粒数目 n 的关系是：

$$n = 2^{N-1} \qquad\qquad (8-1)$$

式（8-1）中：n 为放大 100 倍时，每平方英寸（645mm²）面积内的平均晶粒数目。

根据奥氏体形成过程和晶粒长大的不同情况，奥氏体晶粒度分为起始晶粒度、实际晶粒度和本质晶粒度。起始晶粒度系指奥氏体刚形成时晶粒的大小；实际晶粒度是钢材在某一具体热处理加热条件下所得到的奥氏体晶粒大小；而本质晶粒度则是在特定加热条件下的奥氏体晶粒大小，可以表征奥氏体晶粒长大、粗化的倾向。晶粒度是表示晶粒大小的一种尺度，对钢来说，如不特别指明，晶粒度一般是指奥氏体化后的实际晶粒度。而实际晶粒度主要受加热温度和保温时间的影响。加热温度越高，保温时间越长，奥氏体晶粒越易长大粗化。

生产实践表明，钢材加热时形成的奥氏体晶粒大小，对冷却转变及对钢的力学性能与工艺性能均有很大影响。例如粗大的奥氏体晶粒冷却后获得粗大的转变产物，这种产物的塑性与韧性比细小的奥氏体晶粒转变产物差，而且其屈服点亦较细小奥氏体晶粒转变者为低。如果奥氏体晶粒过分粗大，钢件在淬火时还易于变形和开裂。高碳钢加热时，如形成粗大的奥氏体晶粒，淬火后残余奥氏体将增多，致使刀具的硬度和耐磨性能降低。另外，细晶粒的板材易于冲压加工，易获得表面光洁的冲压件，而粗晶粒钢的板材冲压时容易开裂，冲压成型后的表面也比较粗糙。

晶粒度是表示材料性能的重要指标，是评定钢材质量的主要依据之一，所以生产中常需测定奥氏体晶粒大小，以保证产品质量。

钢中晶粒度的测定主要分为本质晶粒度和实际晶粒度的测定。晶粒度的测定包括两个步骤：即晶粒的显示和晶粒尺寸的测定或评级。晶粒的显示是晶粒度测定的先决条件，常用的显示方法如下。

（一）奥氏体晶粒的显示

1. 奥氏体本质晶粒的显示

奥氏体本质晶粒度是指在 930℃±10℃ 保温一定时间后的奥氏体晶粒大小。本质晶粒度可以反映奥氏体晶粒长大倾向，根据它能正确估计零件经过热处理后晶粒的大小，从而评定零件的力学性能。故生产上常需测定奥氏体本质晶粒度。由于奥氏体在冷却过程中可能已发生相变，冷至室温时已不再是奥氏体组织，为显示出原奥氏体晶界，可采取以下一些方法：

（1）渗碳法

渗碳法显示奥氏体晶粒广泛应用于渗碳钢或含碳量<0.6％的其他钢种。

通过采用渗碳热处理方法，提高试样表面层的含碳量，渗碳后的试样表层为过共析成分。试样在渗碳后缓慢冷却过程中，先共析的渗碳体优先沿原奥氏体晶粒边界析出，勾划出了奥氏体晶粒。为了在黑灰色珠光体组织的背景上显露出亮的碳化物（渗碳体）网，常选用以下浸蚀剂腐蚀试样。

① 3％～4％硝酸酒精溶液，晶界呈现白色网状碳化物。

② 5％苦味酸酒精溶液，晶界亦呈现白色网状碳化物。

③ 沸腾的碱性苦味酸钠水溶液：苦味酸 2g、氢氧化钠 25g、水 100mL、腐蚀时间 10～25min，晶界网状碳化物呈现黑色。

本方法对含碳化物形成元素过多的钢，难以形成完整的碳化物网络。

（2）氧化法

氧化法适用于显示各种钢的奥氏体本质晶粒度，尤以中碳钢及中碳合金钢为宜。

将欲测晶粒度的钢试样，加热到奥氏体状态，保温一定时间。使试样表面受到氧化。由于晶界比晶内具有更大的化学活性，故奥氏体晶界较晶粒内部更易于氧化。适当地保温可使晶界发生氧化，而晶粒内部不受影响，故使奥氏体晶粒得以清晰地显示。氧化法主要有气氛氧化法和熔盐氧化腐蚀法，其中以气氛氧化法较为简便，应用最多。

气氛氧化法：将试样两端而先用细砂纸磨光和抛光制成金相试样，然后将试样的抛光面向上装入预先加热到860℃的具有氧化性气氛炉中（普通空气炉）加热，并在该温度保温 1h。试样在加热和保温过程中暴露氧化，待试样保温后出炉水冷。水冷是为了避免铁素体呈块状析出，以防铁素体晶界与奥氏体晶界相混淆，造成误评。再将水冷后的试样仔细研磨和抛光，使晶粒表面的氧化膜几乎完全磨去，而晶界处的氧化物只有部分被磨掉。在显微镜下，借助晶界处的黑色氧化物即可显示出高温时的奥氏体晶粒大小。如用 15％盐酸酒精溶液或 2％～4％硝酸酒精溶液浸蚀试样磨面，则所形成的黑灰色网络将显露得更为清楚。选择试样的奥氏体晶界轻微氧化或轻度脱碳区域观测晶粒度时，沿氧化了的奥氏体晶界形成槽形凹沟，可在显微镜下清晰地聚焦成线状，它与真实的奥氏体本质晶粒度最为接近。

奥氏体晶粒显示的结果是否清晰准确，关键在于试样冷却后的研磨与抛光。研磨过少，只能看到氧化膜而看不到晶界，研磨过多，则可能将氧化晶界全部磨掉，这样就无法观测奥氏体晶粒大小，因此应严格控制研磨量。此法的缺点是所显示的往往为保温初期的奥氏体晶粒大小。

（3）网状铁素体法

此方法仅适用于亚共析钢，对中碳调质碳素钢较为合适，而对某些亚共析合金钢，即使在很小的冷却速度下，铁素体也不呈网状，故此法不宜选用。

将欲测试样加热含 C≤0.35％时为 900℃±10℃，保温 30min，当含 C＞0.35％时，为 860℃±10℃，保温 30min，水冷或空冷。在冷却过程中，当通过临界温度区域时，先共析铁素体优先沿奥氏体晶粒边界析出，呈网状分布，晶粒内部为珠光体。除去试样表面层，根据围绕在奥氏体晶粒周围的网状铁素体测定钢的本质晶粒度。对接近共析成分的亚共析钢，在奥氏体化后，可先缓慢冷却至700℃～730℃，等温保持十几分钟后再空冷到室温，也可得到明显的铁素体网。

网状铁素体法显示奥氏体晶粒的浸蚀剂，可采用 3％～4％硝酸酒精溶液或苦味酸酒精溶液，腐蚀后晶界呈白色网状铁素体。

冷却速度是决定得到均匀铁素体网勾划出奥氏体晶界质量好坏的关键。如果冷却速度过快，铁素体网未能布满奥氏体晶界，易产生奥氏体晶粒过大的错觉；若冷却太慢，铁素体堆集成块状，也难以显示出奥氏体晶界。所以对不同钢种的冷却速度，应通过多次试验选择确定。

（4）网状珠光体法（一端淬火法）

适用于淬透性较低的碳素钢和低合金钢以及不能获得完整铁素体或渗碳体网

的钢，如含碳量接近共析成分的钢。

实验时，可采用20mm测角仪连续扫描速度，如0.01°/s，0.03°/s或0.05°/s等；40mm的圆柱形试样，先将试样加热到900℃±10℃，保温1h，然后自炉中取出，一端淬入水中冷却（约入水1/3~2/5长度），冷却时不要上下运动，只可水平移动；试样另一端在空气中冷却。由于试样从下端至上端冷却速度逐渐减小，因而沿轴向的组织依次由马氏体向珠光体过渡。经过这样处理的试样，沿纵向磨去约2~3mm厚以后，制成金相试样，在淬硬与未淬硬的过渡区，则可以找到黑色屈氏体优先沿奥氏体晶界析出的区域。在屈氏体网所包围的内部则为灰白色的马氏体。根据黑色屈氏体网，可以测定钢的晶粒度，所用浸蚀剂与网状铁素体法相同。

（5）化学试剂腐蚀法

此方法分为直接腐蚀法和马氏体腐蚀法。

1）直接腐蚀法。将试样加热到900℃±10℃，保温1h后水冷淬火，获得马氏体或贝氏体组织，有的钢种还需经过一定温度的回火。除去试样表面脱碳层和氧化层，制成金相试样。选用具有强烈选择性腐蚀的腐蚀剂浸蚀，使原奥氏体晶界变黑，而基体组织腐蚀轻微，从而直接显现奥氏体晶粒。本法适用于合金化高的能直接淬硬的钢，如高淬透性的铬镍钼钢等。直接显示奥氏体晶界的腐蚀剂成分与使用条件是：

① 含有0.5%~1%烷基苯磺酸钠的100mL饱和苦味酸水溶液（也可用合成洗衣粉代替烷基苯磺酸钠）；浸蚀时间依温度不同（20~70℃），可选用0.5min至3h，由实验确定。如再向此腐蚀剂中加入少量医用消毒剂新洁尔灭，则能更好控制腐蚀，使样品更加清晰。

② 含有0.1~0.15g十二醇硫酸钠的100mL饱和苦味酸水溶液，加热到30℃，浸蚀约10min即可。上述两种腐蚀剂都可抑制马氏体组织出现，促使奥氏体晶界的显示。

采用直接腐蚀法显示奥氏体晶粒的常用钢种热处理工艺列于表8-1。

表8-1 直接显示奥氏体晶粒的热处理工艺

钢号	淬火工艺	回火工艺
12CrNi3A		
12Cr2Ni4A		
20CrNi3A	930℃，保温1.5~3h，水冷	不经回火
40Cr 或 45Cr		
60碳钢		

（续表）

钢号	淬火工艺	回火工艺
38CrMoAlA	930℃，保温 1.5～3h，水冷	200～250℃，保温 15～30min，空冷
18Cr2Ni4WA		400℃，保温 30min，空冷
40CrNiMoA	930℃，保温 1.5～3h，油冷	不经回火
18CrMnTi		
38CrA		
30CrMnSiA		
30CrMnSiNi2A	930℃，保温 1.5～3h，水冷	500℃，保温 30min，空冷
30CrMnSiNi2MoA		600℃，保温 30min，空冷

2）马氏体腐蚀法。适用于淬火时得到马氏体的钢。先将试样加热到930℃，保温3h后淬火得到马氏体，然后再进行150～250℃、15min短时间回火，以增加衬度，选用适当腐蚀剂浸蚀。由于原始奥氏体各晶粒位向不同，则各晶粒间马氏体被腐蚀的深浅亦不同。借此衬度颜色差异而显示出奥氏体晶粒大小，为得到清晰的组织，可重复进行抛光和腐蚀。此法腐蚀剂可用：1g 苦味酸＋5mL 盐酸＋100mL 酒精或1g 氯化铁＋1.5mL 盐酸＋100mL 酒精。奥氏体腐蚀法对粗大奥氏体晶粒较为有效，但对细晶粒奥氏体以及钢中存在带状和树枝状偏析，腐蚀时会出现混杂图形，影响正确测定。

此外还有真空法、高温金相法和氢气脱碳法等，但因测试条件所限，尚未普遍应用，如选用时，请参考相关资料。

2. 奥氏体实际晶粒的显示

测定实际晶粒度时，试样直接在交货状态的钢材或零件上切取。在切取及制备试样过程中，应避免冷、热加工的影响。试样一般不需要经任何预先热处理直接测定。制备好的试样用合适的腐蚀剂浸蚀而显示晶粒。但这种方法因钢的种类、化学成分及状态的不同，其效果亦有所不同，应根据实验来选择确定。

对结构钢淬火和调质状态的原奥氏体晶粒的显示，常用的腐蚀剂为：

（1）饱和苦味酸水溶液。

（2）结晶苦味酸 4g，水 100mL，加热至沸腾，浸蚀时间约 15～20s。

（3）饱和苦味酸水溶液和海鸥牌洗涤剂混合试剂：饱和苦味酸水溶液 100mL 加海鸥牌洗涤剂 1g。

（4）饱和苦味酸水溶液加少量新洁尔灭。

（5）10％苦味酸乙醚溶液加盐酸 1～2mL。

对于结构钢，在正火和退火后，还常测定其铁素体晶粒度。其方法是将试样研磨抛光后，以 5％的硝酸酒精溶液腐蚀约 15s 后进行观察，并与铁素体标准级别图相比较来评定晶粒度。

对于大多数钢种淬火回火态的原奥氏体晶粒的显示，以苦味酸为基的试剂较适宜。试剂成分为：饱和苦味酸水溶液 100mL＋洗涤剂 10mL＋酸（微量）。

对不同钢种和不同热处理状态的原奥氏体晶粒的显示，只要适当改换微量酸的种类（盐酸、硝酸和磷酸等）和调整微量酸的加入量（5～10 滴）就可获得良好的效果。如果切取及制备的试样，借腐蚀直接观察难以分辨晶粒边界，无法测定原奥氏体晶粒大小时，试样可经适当热处理后再进行测定，具体试验方法可按有关规定进行。

（二）奥氏体晶粒度的评定

奥氏体晶粒度的评定，有比较法和截点法两种，一般多采用比较法。比较法评晶粒度简便迅速，但不够准确。

1. 比较法

比较法评定晶粒大小是通过用试样的晶粒大小与标准评级图相比较来确定晶粒度级别的。图 8-1 是奥氏体晶粒度标准级别图。

选用此法测定奥氏体晶粒度时，先将制备好的试样在放大 100 倍的显微镜下全面观察晶粒，然后选择晶粒度具有代表性的视场与标准级别图比较，当二者大小相同时，试样的晶粒度就是标准级别图上标定的级别。如试样晶粒大小不均匀时，若占优势晶粒所占面积不少于视场的 90％时，则可记录此一种晶粒的级别数，否则应用不同级别来表示该钢的晶粒度。其中第一个级别代表占优势的晶粒级别，例如 8 级（75％），4 级（25％）等。

当钢的晶粒过大或过小，而用 100 倍的放大倍数不方便时，可改用其他放大倍数观察和评定，然后对照表 8-2 的关系换算成 100 倍下的标准级别。

表 8-2 常用放大倍数下晶粒度级别数间关系表

图像的放大倍数	与标准评级图编号等同图像的晶粒度级别									
	No. 1	No. 2	No. 3	No. 4	No. 5	No. 6	No. 7	No. 8	No. 9	No. 10
25	−3	−2	−1	0	1	2	3	4	5	6
50	−1	0	1	2	3	4	5	6	7	8
100	1	2	3	4	5	6	7	8	9	10
200	3	4	5	6	7	8	9	10	11	12
400	5	6	7	8	9	10	11	12	13	14
800	7	8	9	10	11	12	13	14	15	16

钢的晶粒度标准级别是将钢中晶粒度分为 8 级，其中 1～4 级属于粗晶粒，5～8 级属于细晶粒，8 级以上为超细晶粒。

2. 截点法

当晶粒度测量正确性要求较高或晶粒为椭圆形时，一般应采用截点法。

（1）等轴晶粒计算法

当欲测定的奥氏体晶粒基本上是等轴时，可先进行初步观察，以确定晶粒的均匀程度，然后选择有代表性的部位和适合的放大倍数。测定时先用 100 倍观察，当晶粒过大或过小时，可适当缩小或放大显微镜倍数，以在 80mm 视场直径内不少于 50 个晶粒为限，再将所选定部位的图像投影在毛玻璃上，计算与一条直线相交截的晶粒数目（截点数），直线要有足够长度（L），以使与直线相交截的截点数目不少于 10 个。计算时，直线端部末被完全交截的晶粒应以一个晶粒计算之。选择三条以上不同部位的直线来计算相截的截点数。用相截的截点总数（Z）除所选用的直线总长度（实际长度以 mm 计），得到弦的平均长度 a（mm），再依弦的平均长度值根据晶粒级别对照图（图 8-1），便可确定钢的晶粒度。

弦的平均长度为：

$$d = \frac{nL}{(Z_1 + Z_2 + Z_3)\ M} \qquad (8-2)$$

式（8-2）中，M——显微镜放大倍数。

截点法也可在带有目镜测微尺的显微镜下，通过平行移动视场直接观察计数，一般也是测 Z 个晶粒的总长度，再求弦的平均长度 a。

（2）非等轴晶粒计算法

沿试样的三轴线分别计算出各轴线方向每 1mm 长度的平均截点数量。每一轴线方向的平均截点数，必须在不少于三条直线上求得。

由试样的三个轴线方向得出每 1mm 长度的平均截点数量值，按下式计算出每 1mm³ 内平均截点数：

$$n = 0.7 n_{纵} n_{横} n_{法} \qquad (8-3)$$

式（8-3）中，n——1mm³ 内平均截点数；

$n_{纵}$——纵向上每 1mm 长度平均截点数

$n_{横}$——横向上每 1mm 长度平均截点数；

$n_{法}$——法向上每 1mm 长度平均截点数；

0.7——晶粒扁圆度系数。

由上式计算出 n 值，根据图 8-2 数据确定钢的晶粒度。

三、实验设备及材料

根据实验所采用的测定奥氏体晶粒度的方法，选用所需要的设备和材料：

（1）中温和高温热处理加热炉。

（2）金相显微镜（配有晶粒度级别显示图）。

（3）制备金相试样所需物品：砂轮机、抛光机、砂纸、腐蚀剂（2%～4% HNO_3酒精或饱和苦味酸水溶液）等。

（4）不同放大倍率的晶粒度级别转换表。

（5）试验钢材：45、60、T10、65Mn等钢。

试样尺寸：圆形试样 ϕ（10～20）mm×15mm。

四、实验内容及步骤

本实验采用高温氧化法后用直接腐蚀法显示钢的奥氏体晶粒，并用比较法评定晶粒度级别。同时验证加热温度对奥氏体晶粒大小的影响。实验步骤如下。

（一）制备试样

根据试验条件，选用45、60、T10、65Mn钢中的一种制备成金相试样，标记好钢号和序号。

（二）分组

试验人员按不同加热温度分成若干组，试样的加热温度为860℃×30min，930℃×25min，980℃×20min三个加热温度来研究温度对奥氏体晶粒长大的影响。

（三）试样奥氏体晶粒的显示

进行测定奥氏体晶粒度时，先选用下列一种方法显示出奥氏体晶粒。

1. 氧化法

（1）每人取试样一块，将其以一端面研磨并抛光、制成金相样品。

（2）将制备好的试样，分别放置于加热到上述规定温度的热处理炉中，试样磨面向上并使加热和氧化均匀一致。试样在指定温度一般保温30min后，取出放入水中快速冷却。

（3）将冷却后的试样磨面在04号砂纸上仔细研磨，待磨面磨至大部分发亮时，进行抛光，为找到一个合适的评级区域，可将试样研磨抛光成一个倾斜面（10°～15°）。有时还可配合显微镜观察，控制研磨量。

（4）试样抛光后，可采用浸蚀剂将试样磨面适度浸蚀，便可清晰地显示出奥氏体晶界网络。

2. 直接腐蚀法

（1）选用 ϕ10mm×（10～20）mm圆形（或矩形）钢铁试样。

（2）先将试样放入规定温度的热处理炉中加热，热透到温后保温30min，然后迅速淬入水中冷却以获得奥氏体组织。

（3）淬火后的试样，磨去脱碳层制成金相试样，选用含有0.5%～1%烷基苯磺酸盐的 100mL 苦味酸饱和水溶液等腐蚀剂浸蚀，由于晶粒边界被腐蚀变黑，可测定奥氏体晶粒度。腐蚀时间根据实验条件经试验确定。配制腐蚀剂时，应煮沸和充分溶解，

（4）为获得更清晰光亮的组织，试样可经二次或三次腐蚀抛光重复进行，或向腐蚀剂中加入少量新洁尔灭，或将腐蚀剂加热到 50～60℃后腐蚀均可。

3. 网状铁素体法

采用网状铁素体法显示亚共折钢的奥氏体晶粒，其热处理条件与氧化法相同，但是试样预先不需研磨。在加热过程中应防止氧化，冷却速度应依不同钢种恰当选择。通常对低碳则可选用油冷，中碳钢选用空冷，中碳合金钢选用炉冷。

（四）评级

待奥氏体晶粒显示后，即可根据试验条件和需要，采用比较法或计算法评定试验钢材（试样）的奥氏体晶粒度级别。

五、实验报告要求

（1）奥氏体晶粒度测试目的、原理、评级方法、实验操作流程简叙。

（2）记录全组（或全班）实验结果后画图（加热温度-奥氏体晶粒度；含碳量-奥氏体晶粒度；合金元素-奥氏体晶粒度），并对实验结果进行理论分析。

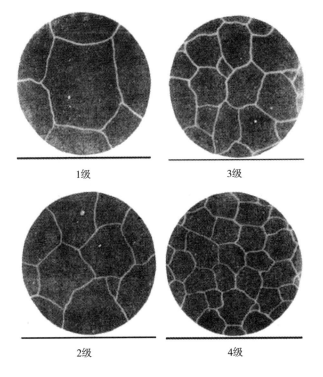

1级

3级

2级

4级

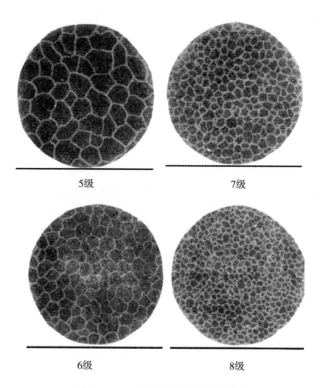

5级　　　　　　　　7级

6级　　　　　　　　8级

图 8-1　金属晶粒度标准级别图

实验九 碳钢的非平衡组织观察及铸铁、常用有色金属合金的显微组织分析

一、实验目的

（1）观察各种常用合金钢、有色金属和铸铁的显微组织。

（2）分析这些金属材料的组织和性能的关系及应用。

二、实验原理

1. 碳钢的显微组织

铁碳合金经缓冷后的显微组织基本上与铁碳相图所预料的各种平衡组织相符合，但碳钢在不平衡状态，即在快冷条件下的显微组织就不能用铁碳合金相图来加以分析，而应由过冷奥氏体等温转变曲线图——C曲线来确定。图9-1为共析碳钢的C曲线图。

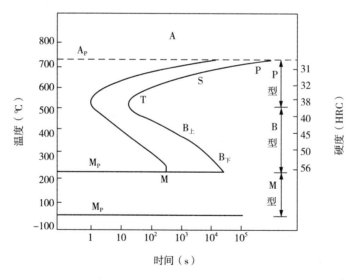

图9-1 共析碳钢的C曲线图

按照不同的冷却条件，过冷奥氏体将在不同的温度范围发生不同类型的转变。通过金相显微镜观察，可以看出过冷奥氏体各种转变产物的组织形态各不相同。共析碳钢过冷奥氏体在不同温度转变的组织特征及性能如表9-1所示。

表9-1 共析碳钢过冷奥氏体在不同温度转变的组织特性与性能

转变类型	组织名称	形成温度范围（℃）	金相显微组织特征	硬度（HRC）
珠光体型相变	珠光体（P）	＞650	在400～500倍金相显微镜下可观察到铁素体和渗碳体的片层组织	～20（HB180～200）
	索氏体（S）	600～650	在800～1000倍以上的显微镜下才能分清片层状特征，在低倍下片层模糊不清	25～35
	屈氏体（T）	550～600	用光学显微镜下观察呈黑色团状组织，只有在电子显微镜（5000～15000×）下才能看到片层组织	35～40
贝氏体型相变	上贝氏体（B上）	350～550	金相显微镜下呈暗灰色的羽毛状特征	40～48
	下贝氏体（B下）	230～350	金相显微镜下呈黑色针叶状特征	48～58
马氏体型相变	马氏体（M）	＜230	在正常淬火温度下呈细针状马氏体（隐晶马氏体），过热淬火时呈粗大片状马氏体	62～65

（1）钢的退火和正火组织

亚共析成分的碳钢（如40、45钢等）一般采用完全退火，经退火后可得到接近于平衡状态的组织。过共析成分的碳素工具钢（如T10、T12钢等）一般采用球化退火，T12钢经球化退火后组织中的二次渗碳体及珠光体中的渗碳体都将变成颗粒状，如图9-2所示。图中均匀而分散的细小粒状组织就是粒状渗碳体。

45钢经正火后的组织通常要比退火组织细，珠光体的相对含量也比退火组织中的多，如图9-3所示，原因在于正火的冷却速度稍大于退火的冷却速度。

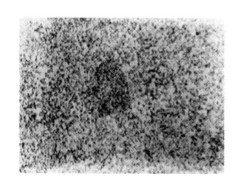

图 9-2　T12 钢球化退火组织图

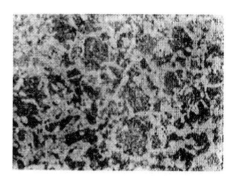

图 9-3　45 钢经正火后组织

（2）钢的淬火组织

将 45 钢加热到 760℃（即 A_{C1} 以上，但低于 A_{C3}），然后在水中冷却，这种淬火称为不完全淬火。根据 $Fe-Fe_3C$ 相图可知，在这个温度加热，部分铁素体尚未溶入奥氏体中，经淬火后将得到马氏体和铁素体组织。在金相显微镜中观察到的是呈暗色针状马氏体基底上分布有白色块状铁素体，如图 9-4 所示。

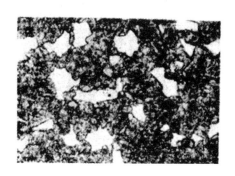

图 9-4　45 钢不完全淬火后的显微组织

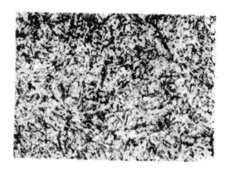

图 9-5　45 钢正常淬火后的显微组织

45 钢经正常淬火后将获得细针状马氏体，如图 9-5 所示。由于马氏体针非常细小，在显微镜中不易分清。若将淬火温度提高到 1000℃（过热淬火），由于奥氏体晶粒的粗化，经淬火后将得到粗大针状马氏体组织，如图 9-6 所示。若将 45 钢加热到正常淬火温度，然后在油中冷却，则由于冷却速度不足（$V < V_K$），得到的组织将是马氏体和部分屈氏体（或混有少量贝氏体）。图 9-7 为 45 钢经加热到 800℃保温后油冷的显微组织，亮白色为马氏体，呈黑色块状分布于晶界处的为屈氏体。T12 钢在正常温度淬火后的显微组织如图 9-8 所示，除了细小的马氏体外尚有部分未溶入奥氏体中的渗碳体（呈亮白颗粒）。当 T12 钢在较高温度淬火时，显微组织出现粗大的马氏体，并且还有一定数量（15%～

30%）的残余奥氏体（呈亮白色）存在于马氏体之间，如图9-9所示。

图9-6　45钢过热淬火后的显微组织图

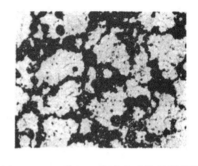

图9-7　45钢800℃油冷后的显微组织

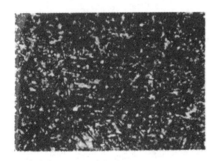

图9-8　T12钢在正常淬火后的显微组织

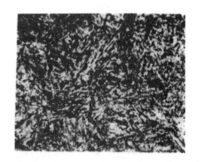

图9-9　T12钢过热淬火组织

（3）钢的淬火后的回火组织

钢经淬火后所得到的马氏体和残余奥氏体均为不稳定组织，它们具有向稳定的铁素体和渗碳体的两相混合物组织转变的倾向。通过回火将钢加热，提高原子活动能力，可促进这个转变过程的进行。

淬火钢经不同温度回火后所得到的组织不同，通常按组织特征分为以下三种：

① 回火马氏体

淬火钢经低温回火（150～250℃），马氏体内的过饱和碳原子脱溶沉淀，析出与母相保持着共格联系的e碳化物，这种组织称为回火马氏体。回火马氏体仍保持针片状特征，但容易受浸蚀，故颜色要比淬火马氏体深些，是暗黑色的针状组织，如图9-10所示。

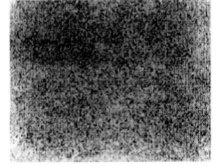

图9-10　45钢低温回火组织

② 回火屈氏体

淬火钢经中温回火（350～500℃）得到在铁素体基体中弥散分布着微小粒状渗碳体的组织，称为回火屈氏体。回火屈氏体中的铁素体仍然基本保持原来针状马氏体的形态，渗碳体则呈细小的颗粒状，在光学显微镜下不易分辨清楚，故呈暗黑色，如图 9-11（a）所示。用电子显微镜可以看到这些渗碳体质点，并可以看出回火屈氏体仍保持有针状马氏体的位向，如图 9-11（b）所示。

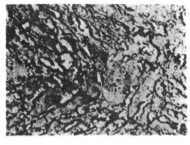

（a）金相照片　　　　　　　　　　（b）电镜照片

图 9-11　45 钢 400℃回火组织

③ 回火索氏体

淬火钢高温回火（500～650℃）得到的组织称为回火索氏体，其特征是已经聚集长大了的渗碳体颗粒均匀分布在铁素体基体上，如图 9-12（a）所示。用电子显微镜可以看出回火索氏体中的铁素体已不呈针状形态而成等轴状，如图 9-12（b）所示。

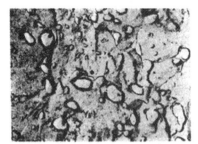

（a）金相照片　　　　　　　　　　（b）电镜照片

图 9-12　45 钢 600℃回火组织

2. 铸铁的显微组织

依铸铁在结晶过程中石墨化程度不同，可分为白口铸铁、灰口铸铁、麻口铸铁。

白口铸铁：其组织具有莱氏体组织而没有石墨，碳几乎全部以碳化物形式

（Fe₃C）存在。

　　灰口铸铁：碳全部或大部分以石墨形式存在于铸铁中。灰口铸铁的组织特征是在钢的基体上分布着片状石墨。根据基体组织的不同，灰口铸铁可分为：铁素体灰口铸铁；铁素体＋珠光体灰口铸铁；珠光体灰口铸铁。图9-13为铁素体灰口铸铁的显微组织，其中石墨呈灰色条片状分布在白亮色的铁素体基体上；图9-14为铁素体＋珠光体灰口铸铁，其中除黑灰色条片状石墨外，暗黑色基体为珠光体，亮白色部分为铁素体。

图9-13　铁素体灰口铸铁显微组织　　图9-14　铁素体＋珠光体
灰口铸铁显微组织

　　麻口铸铁：其组织介于灰口铸铁与白口铸铁之间。即表面为白口铸铁，中心为灰口铸铁。白口铸铁和麻口铸铁由于莱氏体的存在而有较大的脆性。

　　根据铸铁中石墨的形态、大小和分布情况不同，铸铁分为：灰口铸铁、可锻铸铁和球墨铸铁。

　　可锻铸铁：可锻铸铁又称展性铸铁，它是由白口铸铁及石墨化退火处理而获得的，其渗碳体发生分解而形成团絮状石墨。按其组织不同，可锻铸铁分为铁素体可锻铸铁和珠光体可锻铸铁两类。图9-15为铁素体基体可锻铸铁的显微组织，其中石墨呈暗灰色团絮状，亮白色晶粒为基底。

　　球墨铸铁：球墨铸铁中的石墨呈球状，它是由镁、钙及稀土元素球化剂进行球化处理，是石墨变为球状。由于石墨呈球状对基体的削弱作用最小，使球墨铸铁的金属基体强度利用率高达70%～90%（灰口铸铁只达30%左右），因而其机械性能远远优于普通灰口铸铁和可锻铸铁。图9-16（a）为铁素体基体球墨铸铁的显微组织，其中亮白色晶粒为铁素体基体，灰色球状为石墨。图9-16

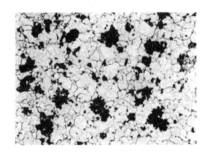

图9-15　铁素体基体
可锻铸铁的显微组织

（b）为铁素体＋珠光体基体球墨铸铁的显微组织，其中暗黑色基底为珠光体，分布在圆球状石墨周围的亮白色基体为铁素体。

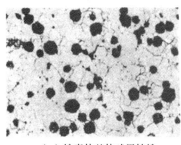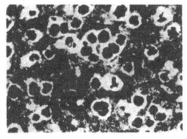

（a）铁素体基体球墨铸铁　　　　　（b）铁素体＋珠光体基体球墨铸铁

图 9-16　球墨铸铁的显微组织

3. 几种常用有色金属合金的显微组织

（1）铝合金

铝合金分为铸造铝合金和变形铝合金。

铸造铝合金：铸造铝硅合金中应用最广的是铝-硅系合金，俗称硅铝明。典型的牌号有 ZL102，w（Si）＝11％～13％。从 Al-Si 合金图可知，硅铝明的成分接近共晶成分，铸造性能好，铸造后得到的组织是粗大的针状硅和 α 固溶体组成的共晶体，如图 9-17（a）。硅本身极脆，又呈针状分布，因此极大地降低了合金的塑性和韧性。为了改善合金质量，可进行"变质处理"。即在浇注时，往液体合金中加入 w（合金）为 2％～3％的变质剂（常用钠盐混合物：2/3NaF＋1/3NaCl），可使铸造合金的显微组织显著细化。变质处理后得到的组织已不是单纯的共晶组织，而是细小的共晶组织加上初晶 α 相，即亚共晶组织，如图 9-17（b）所示。

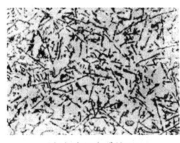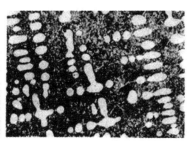

（a）未经变质处理　　　　　　　（b）已变质处理

图 9-17　铸造铝合金（ZL102）的显微组织

变形铝合金：硬铝 Al-Cu-Mg 系时效合金，是重要的变形铝合金。由于它的强度和硬度高，故称硬铝，在现代机械制造和飞机制造业中得到广泛应用。在

合金中形成了 $CuAl_2$（θ相）和 $CuMgAl_2$（S相）。这两种相在加热时均能溶入合金的固溶体内，并在随后的时效热处理过程中形成"富集区"和"过渡相"而使合金强化。而以 $CuMgAl_2$（S相）在合金化过程中作用更大，常把它称为强化相。

（2）铜合金

最常用的铜合金为黄铜（Cu-Zn合金）及青铜（Cu-Sn合金）。

根据 Cu-Zn 合金相图，含 $w(Zn)=39\%$ 的黄铜，其显微组织为单相 α 固溶体，故称单相黄铜，其塑性好，可制造深冲变形零件。常用单相黄铜为 $w(Zn)=30\%$ 左右的 H70，在铸态下因晶内偏析经腐蚀后呈树枝状，变形并退火后则得到多边形的具有退火孪晶特征的 α 晶粒，如图 9-18 所示。因各个晶粒位向不同，所以具有不同深浅颜色。$w(Zn)=39\%\sim45\%$ 的黄铜，其组织为 α+β（β 是 CuZn 为基的有序固溶体），故称双相黄铜。在低温时性能硬而脆，但在高温时有较好的塑性，适于热加工，可用于承受大载荷的零件，常用的双相黄铜为 H62，在轧制退火后的显微组织经 $w(FeCl_3)=3\%$ 和 $w(HCl)=10\%$ 的水溶液浸蚀后，α 晶粒呈亮白色，β 晶粒呈暗黑色，如图 9-19 所示。

图 9-18　α 单相黄铜的显微组织

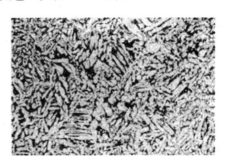

图 9-19　α+β 两相黄铜的显微组织

（3）轴承合金

巴氏合金是滑动轴承合金中应用较多的一种。锡基巴氏合金中 $w(Sn)=83\%$、$w(Sb)=11\%$、$w(Cu)=6\%$，其牌号为 ZChSnSb11-6。其显微组织是在软的 α 固溶体的基体上分布着方块状 β（以化合物 SnSb 为基的有序固溶体）硬质点及白色星状或放射状的 Cu_6Sn_5，如图 9-20 所示。

图 9-20　ZChSnSb11-6
轴承合金的显微组织

三、实验内容

（1）磨金相试样并采用不同的腐蚀体系对金相试样腐蚀，观察显微组织。

（2）分析所得显微组织并撰写实验报告。

四、实验材料及设备

（1）材料：各种经不同热处理的金相显微样品、金相砂纸、抛光布、抛光膏、腐蚀液、脱脂棉等。

（2）设备：光学金相显微镜、抛光机、电吹风。

五、实验步骤

（1）领取各种类型合金材料的金相试样，在显微镜下进行观察，并分析其组织形态特征。

（2）观察各类成分的合金要结合相图和热处理条件来分析应该具有的组织，着重区别各自的组织形态特点。

（3）认识组织特征之后，再画出所观察试样的显微组织图。画组织图时应抓住组织形态的特点，画出典型区域的组织。

六、实验报告

（1）写出实验目的。

（2）分析讨论各类合金钢组织的特点，并与相应碳钢组织做比较，同时把组织特点与性能和用途联系起来。

（3）分析讨论各类铸铁组织的特点，并同钢的组织作对比，指出铸铁的性能和用途的特点。

实验十 碳钢的热处理操作、硬度测定及合金元素对淬火钢回火稳定性的影响

一、实验目的

(1) 熟悉碳钢的几种基本热处理（退火、正火、淬火及回火）操作方法。

(2) 了解加热温度、冷却速度、回火温度等因素对碳钢热处理后性能（硬度）的影响。

(3) 了解合金元素对淬火钢回火稳定性的影响。

二、实验原理

热处理是一种很重要的金属热加工工艺方法，也是充分发挥金属材料性能潜力的重要手段。热处理的主要目的是改变钢的性能，其中包括使用性能和工艺性能。钢的热处理就是将钢通过加热、保温和冷却改变其内部组织，从而获得所要求的物理、化学、机械和工艺性能的一种操作方法。

常用热处理的基本操作有退火、正火、淬火及回火等。

热处理操作中，加热温度、保温时间和冷却方式是最重要的三个基本工艺因素，正确地选择热处理规范，是确保热处理成功的关键。

1. 加热温度

(1) 钢的退火

退火是将钢件加热到 Ac_1 或者 Ac_3 以上温度，一般亚共析钢完全退火加热温度是 $Ac_3+（30\sim50℃）$；共析钢和过共析钢的退火加热温度是 $Ac_1+（20\sim30℃）$，目的是得到球状珠光体，降低硬度，改善高碳钢的切削加工性能。

(2) 钢的正火

正火是将钢件加热到 Ac_3 或者 Ac_m 以上，一般亚共析钢正火加热温度是 $Ac_3+（30\sim50℃）$；过共析钢正火加热温度是 $Ac_m+（30\sim50℃）$，即奥氏体单相区，如图 10-1 所示。

(3) 钢的淬火

淬火是将钢件加热到 Ac_3 或者 Ac_1 以上，对亚共析钢，淬火加热温度为 $Ac_3+（30\sim50℃）$；过共析钢淬火加热温度是 $Ac_1+（30\sim50℃）$，如图 10-2 所示。

(4) 钢的回火

回火是将淬火后的钢件重新加热到低于相变点的某一温度，钢淬火后必须进

行回火，回火的温度决定于最终所要求的组织和性能。按加热温度，可将回火分为低温、中温、高温回火三类。

① 低温回火

在 150～250℃ 进行回火，所得的组织是回火马氏体，硬度约为 HRC60。目的是降低淬火后的应力，减少钢的脆性，保证钢的高硬度。低温回火常用于高碳钢切削刀具、量具和轴承等工件的处理。

② 中温回火

在 350～500℃ 进行回火，所得组织为回火屈氏体，硬度约为 HRC35～45。目的是获得高的弹性极限，同时具有较好的韧性。主要用于中高碳钢弹簧的热处理。

③ 高温回火

在 500～650℃ 进行回火，所得组织为回火索氏体，硬度为 HRC25～35。目的是获得既有一定强度、硬度，又具有良好冲击韧性的综合机械性能。把淬火后经高温回火的处理工艺称调质处理。它主要用于中碳结构钢机器零件的热处理。

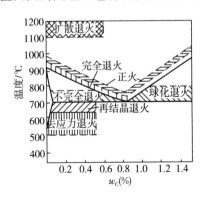

图 10-1　退火和正火加热温度

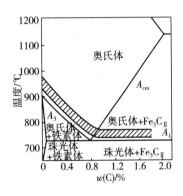

图 10-2　淬火加热温度

钢中如含有铬（Cr）、钼（Mo）、钒（V）等合金元素时，它们阻碍钢中的原子扩散过程，因而在同样的回火温度下与碳钢相比，可起到延缓马氏体分解和阻碍碳化物聚集长大的作用，从而使钢的硬度下降缓慢。这就是说合金元素延缓了钢的回火转变过程，提高了钢的回火稳定性。

2. 保温时间

为了使工件各部分的温度均匀，完成组织转变，并使碳化物完全溶解和奥氏体成分均匀一致，必须在淬火加热温度下保温一定时间，通常将工件升温和保温所需时间计算在一起，统称为加热时间。

热处理加热时间必须考虑许多因素，例如钢的化学成分、工件尺寸、形状、装炉量、加热炉类型、炉温和加热介质等。可根据热处理手册中介绍的经验公式估算，也可以由实验来确定。

实际工作中常根据经验来估算加热时间，一般规定，在空气介质中，升到规定温度后的保温时间，碳钢按工件厚度每毫米按一分钟至一分半钟估算；合金钢按每毫米两分钟估算。在盐浴炉中，保温时间可缩短 1～2 倍。

3. 冷却方式和方法

热处理中必须施以正确的冷却方式，才能获得所要求的组织及性能。退火一般采用随炉冷却。正火（或常化）多采用空气冷却，大件常进行吹风冷却。淬火的冷却速度一方面要大于临界冷却速度，以保证获得马氏体组织；另一方面冷却速度应尽量缓慢，以减少内应力，防止工件变形和开裂。理想的淬火冷却方法应当是，工件在奥氏体最不稳定的温度范围（650～550℃）快冷，超过临界冷却速度而在马氏体转变温度（300～100℃）以下慢冷。理想的冷却速度如图 10-3 所示。常用的淬火介质有水及水溶液（5%～10%NaCl、NaOH）和油等。淬火方法有单液淬火、双液淬火、分级淬火和等温淬火等。

三、实验内容

（1）按表 10-1 所列工艺条件进行各种热处理操作。

（2）测定热处理后的全部试样的硬度，并将数据填入表内。

（3）各小组将实验数据列同行业实验报告表中。

（4）简要分析淬火温度、冷却方式、回火温度对钢组织及性能的影响，以及合金元素对淬火钢回火后硬度的影响。

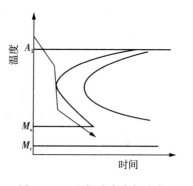

图 10-3 理想淬火冷却速度

四、实验材料及设备

（1）材料：20 钢、45 钢、T10 钢、40Cr、GCr15；试样尺寸 $\phi30 \times 20mm$ 或 $\phi10 \times 15mm$。

（2）冷却剂：盐水，水、油；粗砂纸。

（3）设备：箱式电阻炉、砂轮机、布氏硬度计、洛氏硬度计、淬火水槽、淬火油槽、读数显微镜、热处理钳等。

五、实验步骤

（1）全班每人一个样品，记住实验样品袋上钢号和热处理工艺。

（2）每 2 人一组，分别负责开关电源、炉门和淬火操作。

（3）将热处理后的试样，在砂轮机打磨除去氧化皮，退火正火试样测定布氏硬度，淬火回火试样测洛氏硬度，每个试样测三点，取平均值，填入表 10 - 1，并且分析组织。

表 10 - 1　热处理实验操作数据表

钢号	热处理	冷却介质	硬度（HRC）	组织
20	950℃×12min 淬火	10% NaCl 水溶液		
45	860℃×15min 淬火	水		
		油		
		空气		
	950℃×15min 淬火	水		
	760℃×15min 淬火	水		
40Cr	860℃×15min 淬火	油		
T10	780℃×15min 淬火	水		
GCr15	860℃×15min 淬火	油		
淬火 45	200℃回火×1h	空气		
	400℃回火×1h			
	600℃回火×1h			
淬火 40Cr	200℃回火×1h	空气		
	400℃回火×1h			
	600℃回火×1h			
淬火 T10	200℃回火×1h	空气		
	400℃回火×1h			
	600℃回火×1h			
淬火 GCr15	200℃回火×1h	空气		
	400℃回火×1h			
	600℃回火×1h			

六、实验报告

（1）简述你的试样热处理操作和测试洛氏硬度的实验过程。填写热处理实验操作数据表中样品的热处理硬度和组织。

（2）分析 45 钢 860℃盐水淬火、200℃、400℃、600℃回火的组织和洛氏硬度。

（3）对比 45 钢和 40Cr 钢、T10 钢和 GCr15 钢淬火后的组织和硬度，以及它们经过 200℃、400℃、600℃回火后的组织和硬度，研究合金元素对淬火钢回火后硬度的影响。

实验十一　硬度试验：硬度试验原理、方法，各种硬度计的选用与操作方法

一、实验目的

（1）了解不同硬度测试的基本原理及应用范围。

（2）了解布氏硬度、洛氏硬度、维氏硬度、显微硬度、里氏硬度试验机的主要结构及操作方法。

二、实验原理

硬度是指在金属表面的不大体积内材料抵抗变形或破裂的能力，是一种综合性能指标。硬度测量能够给出金属材料软硬度程度的数量概念，硬度实验是非破坏性试验。由于在金属表面以下不同深度材料所承受的应力和所发生的形变程度不同，因而硬度值可以综合地反映压痕附近局部体积内金属的弹性、微量塑性变形能力以及大量形变抗力。硬度值越高，表明金属抵抗塑性变形的能力越大，材料产生塑性变形就越困难。另外，硬度与其他机械性能之间有着一定的内在联系，所以从某种意义上说硬度的大小对于机械零件或工具的使用性能以及寿命具有决定性意义。

硬度试验的方法大体可分为：弹性回跳法（如肖氏、里氏硬度）、压入法（如布氏硬度、洛氏硬度、维氏、显微硬度等）和划痕法（如莫氏硬度）等三类。硬度的物理意义随试验方法不同而不同。例如，回跳法硬度值主要表征金属弹性变形功的大小；压入法硬度值则表征金属的塑性变形抗力及应变硬化能力；划痕法硬度值主要表征金属对切断的抗力。

在机械工业中广泛采用压入法来测定硬度。采用压入法测量时，由于压痕残余变形量很大，所以，硬度值除了与材料的小量塑性变形抗力（如 $\sigma_{0.2}$）有关外，还与材料的大量塑性变形抗力及加工硬化能力有关。此外，硬度值还与所选择的测试方法和实验条件有关。所以，不同方法、不同实验条件所得到的硬度值是不同的。而且，在理论上，目前尚无简单、明确的相互关系作为换算的基础。因此，"硬度"不是一个确定的物理量，不是金属独立的力学性能。所谓"肖氏""布氏""维氏"等是以首先提出这种硬度试验方法的人的姓氏或以首先生产这种硬度计的厂名来命名的。布氏硬度：1900 年瑞典工程师布利温尔提出；洛氏硬

度：1919 年美国洛克威尔提出；维氏硬度：1925 年英国史密斯等人提出，英国维克尔公司第一台 Vickers，静载荷压入中精确度最高的一种；显微硬度：1930 年提出小载荷维氏硬度；里氏硬度：1987 年瑞士 Leeb 提出。各类硬度计压头形状与压痕、载荷，适用材料范围见表 11-1。

表 11-1　硬度计压头形状与压痕、载荷，适用材料范围

硬度（单位）	压头	压痕形状	载荷（kgf）	适用材料范围	样品要求
HB N/mm²	淬火钢球 HBS 硬质合金 HBW	●	30～3000	黑色、有色金属，退火正火件	光滑
HR15 种，无单位	120°金刚石 1/16 英寸淬火钢球	●	150 100	热处理后样品 20～67HRC	
HV N/mm²	136°金刚石四棱锥	✕	1～120	范围宽，精度高，薄件	抛光
HM N/mm²	136°金刚石四棱锥	✕	5～200g	显微组织或相	抛光
HL N/mm²	3mmWC 或金刚石球，压头直径 3mm，质量 5.5g，能量 11N·m	●	5.5g	现场大、重型工件	有粗糙度和磁性要求

1. 布氏硬度

（1）工作原理

按 GB/T 231.1—2009 试验方法。在规定的检测力（F）作用下，将一定直径（D）的硬质合金球压入试样表面，保持一定时间，然后去除检测力。如图 11-1 所示。测量试样表面上所压印痕直径（d）。根据 d 可以计算处压痕凹印面积（A）。布氏硬度值是检测力除以压痕球形表面积（A）所得的商，用 HB 表示。

其计算公式如下：

$$HB = F/A \tag{11-1}$$

式（11-1）中：HB——布氏硬度值；

　　　　　　　F——载荷；

　　　　　　　A——压痕面积。

根据压痕面积和球面之比等于压痕深度 h 和钢球直径 D 之比的几何关系，

可知压痕面积为：

$$A = \pi D h \qquad (11-2)$$

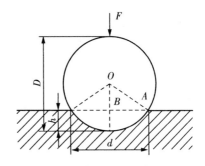

图 11-1　布氏硬度试验原理图

式（11-2）中：

D——钢球直径（mm）；

h——压痕深度（mm）。

由图 11-1 看出：

$$h = \frac{D}{2} - \overline{OB} = \frac{D}{2} - \sqrt{\overline{OA}^2 - \overline{AB}^2}$$

$$= \frac{D}{2} - \sqrt{\left(\frac{D}{2}\right)^2 - \left(\frac{d}{2}\right)^2} = \frac{1}{2}\left(D - \sqrt{D^2 - d^2}\right) \qquad (11-3)$$

将式（11-3）代入式（11-1）和式（11-2）即得：

$$HB = \frac{F}{\pi D h} = \frac{2F}{\pi D\left(D - \sqrt{D^2 - d^2}\right)} \qquad (11-4)$$

式中只有 d 是变数，故只需测出压痕直径 d，根据已知 D 和 F 值就可以计算出 HB 值。在实际测量时，可由测出之压痕直径 d 直接查表得到 HB 值。

对不同材料，所得的 HB 值也是可以比较的。具体实验数据和适用范围可参考表 11-2 所列。

表 11-2　布氏硬度试验规范（GB/T 231.1—2009）

金属种类		布氏硬度范围（HB）	试样厚度（mm）	载荷 F 与钢球直降 D 的相互关系	钢球直径 D（mm）	载荷 F（kgf，kN）	载荷保持时间（s）
黑色金属	如：退火、正火、调质状态的中碳钢和高碳钢、灰口铸铁等	140～450	6～3 4～2 <2	$F = 30D^2$	10.0 5.0 2.5	3000 750 187.5	10
	如：退火状态低碳钢、工业纯铁等	<140	>6 6～3 <3	$F = 30D^2$	10.0 5.0 2.5	3000 750 187.5	30

（续表）

金属种类		布氏硬度范围（HB）	试样厚度（mm）	载荷 F 与钢球直降 D 的相互关系	钢球直径 D（mm）	载荷 F（kgf, kN）	载荷保持时间（s）
有色金属	如：特殊青铜、钛及钛合金等	>130	6～3 4～2 <2	$F=30D^2$	10.0 5.0 2.5	3000 750 187.5	30
	如：铜、黄铜、镁合金等	31.8～130	9～6 6～3 <3	$F=30D^2$	10.0 5.0 2.5	1000 250 62.5	30
	如：铝及轴承合金等	8～35	>6 6～3 <3	$F=30D^2$	10.0 5.0 2.5	250 62.5 15.6	60

（2）技术要求

① 试样表面必须平整光洁，以使压痕边缘清晰，保证精确测量压痕直径 d。

② 压痕距离试样边缘应大于 D（钢球直径），两压痕之间应不小于 D。

③ 用读数显微镜测量压痕直径 d 时，应从相互垂直的两个方向进行，取均值。

（3）机体结构

HB-3000 型布氏硬度试验机的外形结构如图 11-2 所示。其主要部件及作用如下：

① 机体与工作台：硬度机有铸铁机体，在机体前台面上安装了丝杠座，其中装有丝杠，丝杠上装立柱和工作台，可上下移动。

② 杠杆机构：杠杆系统通过电动机可将载荷自动加在试样上。

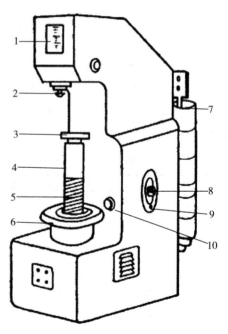

图 11-2　HB-3000 布氏硬度
试验机外形结构图

1—指示灯；2—压头；3—工作台；4—立柱；
5—丝杠；6—手轮；7—载荷砝码；
8—压紧螺钉；9—时间定位器；10—加载按钮

③ 压轴部分：用以保证工作时试样与压头中心对准。

④ 减速器部分：带动曲柄及曲柄连杆，在电机转动及反转时，将载荷加到压轴上或从压轴上卸除。

⑤ 换向开关系统：控制电机回转方向的装置，使加、卸载荷自动进行。

（4）操作程序

① 将试样放在工作台上，顺时针方向旋转手轮，工作台上升，使压头压向试样表面直到手轮与下面螺母产生相对滑动为止。

② 按动加载按钮，启动电动机，即开始加载荷。此时因压紧螺钉已拧松，圆盘并不转动，当红色指示灯闪亮时，迅速拧紧压紧螺钉，使圆盘转动。达到所要求的持续时间后，转动自动停止。

③ 逆时针方向旋转手轮，使工作台降下。取下试样用读数显微镜测量压痕直径 d 值，并查表确定硬度 HB 数值。

2. 洛氏硬度

（1）工作原理

洛氏硬度同布氏硬度一样也属于压入硬度法，但它不是测定压痕面积，而是根据压痕深度来确定硬度值指标。其试验原理如图 11-3 所示。

洛氏硬度试验所用压头有两种：一种是顶角为 120° 的金刚石圆锥，另一种是直径为 1/16 英寸（1.588mm）的淬火钢球。根据金

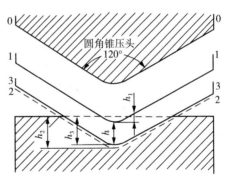

图 11-3 洛氏硬度试验原理图

属材料软硬程度不一，可选用不同的压头和载荷配合使用，最常用的是 HRA、HRB 和 HRC。这三种洛氏硬度的压头、负荷及使用范围列于表 11-3。

表 11-3 常见洛氏硬度的试验规范及使用范围

符号	压头	负荷（N）	测量范围	使用范围
HRA	120° 金刚石圆锥	588.4	60～88	硬质合金、表面淬火层、碳化物、淬火工具钢
HRB	$\frac{1''}{16}$ 钢球	980.7	25～100	铜合金、铝合金、退火及正火钢、可锻铸铁
HRC	120° 金刚石圆锥	1471.1	20～70	调质钢、淬火钢、深层表面硬化层

洛氏硬度测定时，需要先后两次施加载荷（初载荷及主载荷），预加载荷的目的是使压头与试样表面接触良好，以保证测量结果准确。图 11-3 中 0—0 位置为未加载荷时的压头位置，1—1 位置为加上 10kgf 预加载荷后的位置，此时压入深度为 h_1，2—2 位置为加上主载荷后的位置，此时压入深度为 h_2，h_2 包括由加载所引起的弹性变形和塑性变形，卸除主载荷后，由于弹性变形恢复而稍提高到 3—3 位置，此时压头的实际压入深度为 h_3。洛氏硬度就是以主载荷所引起的残余压入深度（$h = h_3 - h_1$）来表示。但这样直接以压入深度的大小表示硬度，将会出现硬的金属硬度值小，而软的金属硬度值大的现象，这与布氏硬度所标志的硬度值大小的概念相矛盾。为了与习惯上数值越大硬度越高的概念相一致，采用一常数（K）减去（$h_3 - h_1$）的差值表示硬度值。为简便起见又规定每 0.002mm 压入深度作为一个硬度单位（即刻度盘上一小格）。

洛氏硬度值的计算公式如下：

$$HR = \frac{K - (h_3 - h_1)}{0.002} \tag{11-5}$$

式（11-5）中：h_1——预加载荷压入试样的深度（mm）；

h_3——卸除主载荷后压入试样的深度（mm）；

K——常数，采用金刚石圆锥时，$K = 0.2$（用于 HRA、HRC）；采用钢球时，$K = 0.26$（用于 HRB）。

因此，式（11-5）可改为：

$$HRC（或 HRC）= 100 - \frac{h_3 - h_1}{0.002} \tag{11-6}$$

$$HRB = 130 - \frac{h_3 - h_1}{0.002} \tag{11-7}$$

（2）技术要求

① 根据预测的金属硬度，按表 11-2 选定压头和载荷。

② 试样表面平整光洁，不得有氧化皮或油污以及明显的加工痕迹。

③ 试样厚度应不小于压入深度的 10 倍；两相邻压痕及压痕离试样边缘的距离均不应小于 3mm。

④ 加载时力的作用线必须垂直于试样表面。

（3）机体结构

H-100 型杠杆式洛氏硬度试验机的结构如图 11-4 所示，其主要部分及作用如下：

① 机体及工作台：试验机有坚固的铸铁机体，在机体前面安装有不同形状

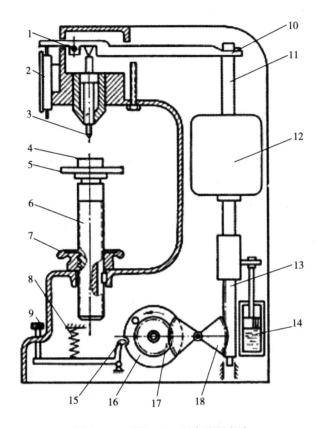

图 11-4　HR-100 型洛氏硬度计

1—支点；2—指示器；3—压头；4—试样；5—试样台；6—螺杆；

7—手轮；8—弹簧；9—按钮；10—杠杆；11—纵杆；12—重锤；

13—齿轮；14—油压缓冲剂；15—插销；16—转盘；17—小齿轮；18—扇齿轮

的工作台，通过手轮的转动，借助螺杆的上下移动而使工作台上升或下降。

② 加载机构：由加载杠杆（横杆）及挂重架（纵杆）等组成，通过杠杆系统将载荷传至压头而压入试样，借扇形齿轮的转动可完成加载和卸载任务。

③ 千分表指示盘：通过刻度盘指示各种不同的硬度值。

（4）操作程序

① 根据试样预期硬度按表 11-3 确定压头和载荷，并装入试样机。

② 将试样置于工作台上，顺时针旋转手轮，使试样与压头缓慢接触，直到表盘小指针指在"3"或"小红点"处，此时即已预加载荷 10kgf。然后将表盘大指针调整至零点（HRA、HRC 零点为 0，HRB 零点为 30），稍差一些可转动读数盘调整对准。

③ 向前拉动右侧下方水平方向的手柄，以施加主载荷。

④ 当指示器指针停稳后，将右后方弧形手柄向后推，卸除主载荷。

⑤ 读数。采用金刚石压头（HRA、HRC）时读外圈黑字，采用钢球压头（HRB）时读内圈红字。

⑥ 逆时针旋转手轮，使工作台下降，取下试样，测试完毕。

3. 维氏硬度

（1）工作原理

维氏硬度的测定原理和布氏硬度法、洛氏硬度法基本相同，也是用单位压痕面积上所承受的负荷来表示材料的硬度值，所不同的是，维氏硬度所用压头为金刚石正四棱锥压头，如图 11 - 5 所示。在试验负荷 F（常用值为 1、3、5、10、20、30、50、100kgf）的作用下，在试样表面形成一正方锥形的压痕，若设对角线长度为 d，则压痕面积（A）为：

$$A = \frac{d^2}{2\sin\dfrac{\varphi}{2}} \tag{11 - 8}$$

式（11 - 8）中：φ——金刚石压头上两相对面间的夹角，$\varphi = 136°$。

所以维氏硬度值 HV 为：

$$HV = \frac{F}{A} = \frac{2F\sin 68°}{d^2} = 1.8544\frac{F}{d^2} \tag{11 - 9}$$

（2）技术要求

① 维氏硬度试验的压痕一般表较小，为了保证测量的精度，试样表面要求具有较高的光洁度，表面不允许有锈蚀、机加工粗划痕、油污等。

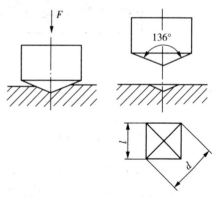

图 11 - 5　维氏硬度试验原理图

② 试验面与支撑面平行，保证试验时试验面与压头轴线垂直。

③ 根据试样材料估计硬度范围，按有关规范选择载荷。

④ 加载时间应不小于 10 秒。

⑤ 试样厚度应大于 1.5 倍对角线长度，压痕间距要小于 2.5 倍压痕对角线长度。

（3）操作程序

① 根据试样预期硬度，按表 11 - 4 规范和表 11 - 5 选择试验力。

② 把试样放在载物台上，旋转手柄，使试样上升并与压头帽接触旋转至感

到着力为止。

③ 扳动加载手柄使载荷徐徐加至试样上，保持 10 秒以上时间，即缓慢卸载。

④ 将试验机上的测量显微镜移至压痕上方，对准焦距，测出压痕对角线的长度，依所加载荷及压痕对角线长度计算或查附录Ⅲ压痕直径与维氏硬度对照表，得维氏硬度值。

表 11-4　维氏硬度规范

硬度符号	试验力范围	试验名称
≥HV5	$F \geqslant 49.03$	维氏硬度试验
HV0.2～HV5	$1.961 \leqslant F < 49.03$	小力维氏硬度试验
HV0.01～HV0.2	$0.09807 \leqslant F < 1.961$	显微维氏硬度试验

注：维氏硬度压痕对角线的长度范围是 0.020～1.400mm。

表 11-5　维氏硬度应选试验力

维氏硬度试验		小力维氏硬度试验		显微维氏硬度试验	
硬度符号	试验力 标称值（N）	硬度符号	试验力 标称值（N）	硬度符号	试验力 标称值（N）
HV5	49.03	HV0.2	1.961	HV0.01	0.09807
HV10	98.07	HV0.3	2.942	HV0.015	0.1471
HV20	196.1	HV0.5	4.903	HV0.02	0.1961
HV30	294.2	HV1	9.807	HV0.025	0.2452
HV50	490.3	HV2	19.61	HV0.05	0.4903
HV100	980.7	HV3	29.48	HV0.1	0.9807

注：维氏硬度试验可使用大于 980.7N 的试验力；显微维氏硬度试验力为推荐值。

4. 显微（静载荷）硬度

（1）工作原理

显微硬度的测量原理与维氏硬度一样，也是用压痕单位面积上所承受的载荷来表示的。只是试样需要抛光腐蚀制成金相显微试样，以便测量显微组织中各相的硬度。显微硬度一般用 HM 表示。

显微硬度测试用的压头有两种：一种是和维氏硬度压头一样的两面之间的夹角为 136° 的金刚石正四棱锥压头，如图 11-6 所示。这种显微硬度的计算公式为：

$$HM = 1854.4F/d^2 \qquad (11-10)$$

式（11-10）中：F——载荷；

                d——压痕对角线长度。

显微硬度值与维氏硬度完全一致，计算公式差别只是测量时用的载荷和压痕对角线的单位不同造成的。

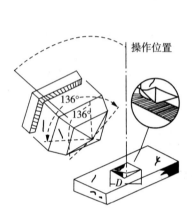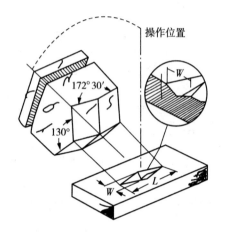

图 11-6 维氏金刚石棱锥压头   图 11-7 努氏（Knoop）金刚石锥压头

图 11-7 中还给出了另一种显微硬度压头。这种压头叫克努普（Knoop）金刚石压头。它的压痕长对角线与短对角线的长度之比为 7∶11。克努普显微硬度值为：

$$HK = F/A = 14229F/L^2 \qquad (11-11)$$

式（11-11）中：F——载荷；

                L——压痕对角线长度。

（2）机体结构

HV-1000 型显微硬度计主要由支架部分、载物台、负荷机构、显微镜系统等四部分组成，结构如图 11-8 所示。

（3）技术要求

① 试样表面必须清洁，如果表面沾有油脂和污物，则会影响测量的准确性。在清洁试样时，可用酒精或乙醚擦拭。

② 当试样为细丝、薄片或小片时，可分别使用细丝夹持台、薄片夹持台及平口夹持台夹持，放在十字试台上进行测试；如果试样太小无法夹持，则将试样镶嵌抛光后再进行试验。

（4）操作程序

① 试验前的准备工作包括：安装物镜、螺旋测微目镜及压头；检查并调整

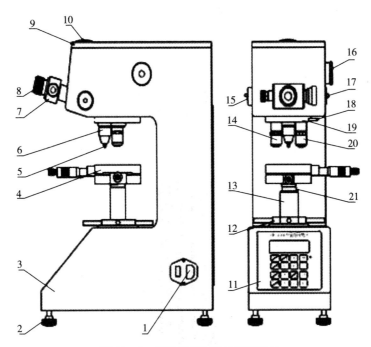

图 11-8 HV-1000 型显微硬度计

1—电源插头；2—水平螺钉；3—主机；4—十字架台；5—压头；6—保护套；

7—测微目镜；8—眼罩；9—上盖；10—摄影板；11—操作面板；12—旋轮；

13—升降丝杆；14—10×目镜；15—测量灯座；16—试验力变换手轮；

17—转换拉杆；18—手柄；19—转盘；20—40×目镜；21—M5 螺钉

压痕中心与视场中心重合；载荷机构的调整等。

② 试样经加载，卸载，转动载物台，在目镜中可观察到显微硬度的压痕。

③ 用螺旋测微目镜测定压痕对角线的长度测量时，首先移动工作台，使试样压痕的左面两边与十字交叉线的右半边重合，记下测微鼓轮的指示；然后转动鼓轮使十字交叉线的左半边与压痕的右面两边也重合，再记下测微鼓轮上的读数，两数之差为压痕对角线相对应的格数。然后再乘以鼓轮刻度值即得到压痕对角线长度。

一般是测两条相互垂直的对角线的长度再取平均值作为压痕对角线的长度 d。由压痕对角线的长度，通过公式计算或查压痕对角线与显微硬度对照表得到显微硬度值。

5. 里氏（动载荷）硬度

（1）工作原理

里氏硬度试验方法是一种动态硬度试验法，用规定质量的冲击体在弹簧力作用下以一定速度垂直冲击试样表面，以冲击体在距试样表面 1mm 处的回弹速度

V_R与冲击速度V_A的比值计算硬度值。计算公式如下：

$$HL = 1000V_R/V_A \qquad (11-12)$$

式（11-12）中：HL——里氏硬度；

V_R——冲击体回弹速度；

V_A——冲击体冲击速度。

（2）机体结构（图11-9）

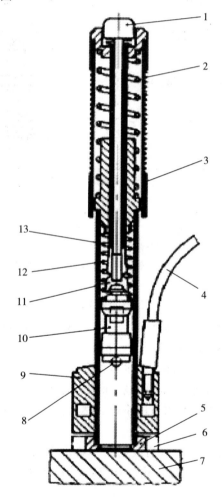

图11-9 里氏硬度计的冲击装置结构

1—释放按钮；2—加载弹簧；3—加载套；4—导线；

5—小型支承环；6—大型支承环；7—试件；8—冲击体顶端球面冲头；

9—线圈部件；10—冲击体；11—安全卡盘；12—导管；13—冲击弹簧

（3）技术要求

① 对被测试件的一般要求：试件表面应洁净，无灰尘，无油污和无氧化皮。

② 对试件表面温度的要求：试件表面的温度不能过热，要求温度小于120℃。测试最佳温度为 4～38℃。

③ 试件表面粗糙度应满足表 11-6 的要求，试件表面的粗糙度不但影响测试精度，而且影响冲击球头的使用寿命。

④ 试样应具有足够的厚度，试样最小厚度应符合表 11-7 规定。

表 11-6　冲击装置类型及试样表面粗糙度

冲击装置类型	试样表面粗糙度 Ra
D、DC 型	≤1.6
G 型	≤6.3
C 型	≤0.4

表 11-7　冲击装置类型及试样最小厚度

冲击装置类型	试样最小厚度（mm）
D、DC 型	5
G 型	10
C 型	1

（4）操作程序

① 将被检测物体应平放于地面，必须保证绝对平稳，不得有任何晃动，被检测位置不得有悬空状态，必要时需加支撑块；

② 打开硬度计→物体的材料设置→硬度值设置（HRC＼HRB＼HB）→硬度检测方向设置→开始硬度检测；

③ 将冲击装置压紧在被测表面并向下按一下，1s 后再按硬度计上面凸出的小圆柱，硬度值就会自动显示出来，在这过程中操作人员必须将冲击装置放稳，方向也应与被测面保持垂直状态；

④ 每个检测部位应至少测试 3 个点，两测试点之间距离应不小于 3mm，测试完后取平均值作为该部位硬度，并记录，然后进入下一个部位检测；

⑤ 测试结果与物体的要求进行比较，达到要求为合格，转入下一道工序；不合格则转入隔离区，记录检测结果。

三、实验内容

（1）了解几种不同硬度计的实验原理、适用范围和操作规范。

（2）分别使用不同硬度计测试试样的硬度。

（3）比较不同硬度计的测量结果，分析不同硬度计的优劣势。

四、实验材料及设备

（1）材料：20 钢、45 钢、T8 钢，退火及淬火、回火状态。

试样尺寸：$\phi 30 \times 10mm$、$\phi 10 \times 10mm$。

（2）设备：各种不同类型的硬度计、加热炉、读数显微镜等。

五、实验步骤

（1）全班分若干组，分别进行布氏硬度、洛氏硬度、维氏硬度、显微硬度和里氏硬度试验，并相互交换。

（2）试验前仔细阅读试验原理、技术要求及操作规程。

（3）按照规定的操作程序测定试样的硬度值。

六、实验报告

（1）列表指出布氏、洛氏、维氏、显微、里氏硬度的优缺点及应用范围。

（2）简述这几种硬度试验的实验原理。

（3）列表整理试验数据并分析讨论。

实验十二　缺口样品的冲击试验

一、实验目的

（1）了解冲击试验机的构造及使用方法。

（2）掌握金属材料冲击功 A_k 的测试方法和冲击韧度 a_k 的计算方法。

（3）建立碳钢的服役温度与其冲击韧度间的关系。

二、实验概述

冲击试验机根据冲击方式的不同，可分为摆锤式、落锤式和回转圆盘式冲击试验机（GB/T 229—2007）。摆锤式冲击试验机利用摆锤冲击试样在冲断前后的能量差，确定冲断试样所消耗的冲击功 A_k，计算冲击韧度 a_k。

一次冲击弯曲试验是测定金属材料韧性的常用方法。它是将一定尺寸和形状的金属试样放在试验机的支座上，再将一定重量的摆锤升高到一定高度，使其具有一定位能，然后让摆锤自由下落将试样冲断。摆锤冲断试样所消耗的能量即为冲击功 A_k。A_k 值的大小代表金属材料韧性的高低，是指材料在冲击载荷作用下吸收塑性变形功和断裂功的能力。但习惯上仍采用冲击韧度值 a_k 表示金属材料的韧度。冲击韧度 a_k 是用冲击功 A_k 除以试样断口处的原始横截面积 F 来表示的。退火状态碳钢的韧性随着含碳量的增加而逐渐下降。

三、实验设备及用品

冲击试验使用的主要设备和工具为冲击试验机、游标卡尺、制冷机。

冲击试验机为北京纳克 NI300C 冲击试验机。冲击试验机有手动和自动两种。自动摆锤式冲击试验机如图 12-1 所示。试验时先把手柄拨至"预备"位置，然后将摆锤稍加抬起并固定后，把试样放在支座的钳口上，再把摆锤抬到试验高度，使插销插入摆轴的槽内。待一切准备完毕后，将手柄由"预备"位置拨至"冲击"位置，这时摆锤就以摆轴为旋转中心而自由下落。当摆锤冲断试样后，其剩余能量又使摆锤向另一方向扬起一定高度，这时将手柄再拨至"停止"位置，使摆锤停止摆动。自动摆锤式冲击试验机的构造原理与手动的基本相同，但摆锤的上扬与下击等均可用按钮操纵电动机来完成，试样的冲击功 A_k 值和冲击韧度 a_k 数值由计算机完成计算。

纳克 NI300C 冲击试验机参数：

冲击能量：300J；冲击速度：5～5.5m/s；摆锤预扬角：150°；

F_{gy}：屈服力；F_{iu}：不稳定裂纹扩展起始力；

F_a：不稳定裂纹终止力；

W_m：最大力时的能量；

W_{iu}：不稳定裂纹扩展起始能量；

W_a：不稳定裂纹扩展终止能量；

W_t：总冲击能量。

图 12-1　北京纳克 NI300C 金属摆锤冲击试验机、制冷机、缺口制备机

四、冲击试样及材料

冲击试样的类型较多，我国 GB/T 229—2007 规定采用夏比 V 形或 U 形缺口试样作为标准试样。样品尺寸见表 12-1。夏比 V 形样品尺寸为 55mm × 10mm ×10mm，缺口为 45°夹角，深度为 2mm；夏比 U 形缺口样品尺寸为 55mm ×10mm ×10mm，缺口深度为 2mm，如图 12-2 所示。

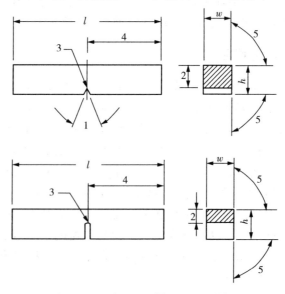

图 12-2　夏比 V 形样品和 U 形样品

表 12 - 1　试样的尺寸与偏差

名称	符号及序号	V 形缺口试样 公称尺寸	V 形缺口试样 机加工偏差	U 形缺口试样 公称尺寸	U 形缺口试样 机加工偏差
长度	l	55mm	±0.60mm	55mm	±0.60mm
高度[a]	h	10mm	±0.075mm	10mm	±0.11mm
宽度[a] ——标准试样 ——小试样 ——小试样 小试样	w	10mm 7.5mm 5mm 2.5mm	±0.11mm ±0.11mm ±0.06mm ±0.0mm	10mm 7.5mm 5mm —	±0.11mm ±0.11mm 0.06mm —
缺口角度	1	45°	±2°	—	—
缺口底部高度	2	8mm	±0.075mm	8mm[b] 5mm[b]	±0.09mm ±0.09mm
缺口根部平径	3	0.25mm	±0.025mm	1mm	±0.07mm
缺口对称面—端部距离[a]	4	27.5mm	±0.42mm[2]	27.5mm	±0.42mm[c]
缺口对称面—试样纵轴角度	—	90°	±2°	90°	±2°
试样纵向面间夹角	5	90°	±2°	90°	±2°

　　a. 除端部外，试样表面粗糙度应优于 $Ra5\mu m$。

　　b. 如规定其他高度，应规定相应偏差。

　　c. 对自动定位试样的试验机，建议偏差用±0.165mm 代替±0.42mm。

五、实验步骤

（1）实验试样为 45 钢退火态 U 形缺口试样。检查试样有无缺陷。用游标尺测量试样缺口处的断面尺寸并记下测量数据。

（2）在了解试验机的结构后，先进行一次空击试验。如无不正常的摩擦及阻力存在，空击后指针与刻度盘上的零点位置的误差应小于半小格（即 0.1kgf·m，折合成国际单位为 1N·m 或 J）。

（3）装冲击试样。在装置试样时应将试样缺口背向摆锤的刃口，并且用正样板使试样处于支座的中心位置。然后按试验机的操作顺序进行试验。

（4）读出指针在刻度盘上指出的冲击功 A_{kU} 值，并做好记录。

（5）观察试样的断口特征。

（6）采用同样的实验步骤，对低温冷冻冲击试样进行冲击试验，记录下有关的测量数据和冲击功值。然后观察试样的断口特征。

六、试验报告

（1）叙述冲击所用的实验设备、缺口样品的成分和尺寸、冲击实验过程。

（2）学习用 origin 软件绘制室温、－30℃、－60℃缺口样品冲击实验得到的应力-应变、冲击功-应变曲线。

（3）计算并比较室温、－30℃、－60℃缺口样品冲击功 A_{kU} 的大小，并且计算它们的冲击韧度 a_{kU} 值。

七、实验注意事项

（1）在试验机摆锤运动的平面内，严禁站人，以防因摆锤运动或击断的试样飞出伤人。防护罩侧门必须关闭。

（2）未经许可，不准随便搬动摆锤和控制手柄。

（3）在装置冲击试样时，应将摆锤用支持架支住。切不可将摆锤抬高到顶备位置，以防摆锤偶然落下时造成严重事故。

（4）当手柄在"预备"位置，摆锤已抬至预定的试验高度后，应平稳缓慢地将手放开，并使插销插入摆轴的槽内，以防放手过急而冲断插销。

（5）当试样被冲断而摆锤尚在摆动时，不能将手柄拨回至"预备"位置，以防插销的头部与摆轴发生摩擦或插销有可能插入摆轴的槽内而被冲断。

实验十三　缺口样品的拉伸与裂纹效应实验

一、实验目的

（1）了解万能材料试验机的结构及工作原理，掌握其使用方法。

（2）对比具有不同尺寸缺口的试样料的屈服强度、抗拉强度、断裂伸长率、断面收缩率以及其断口的宏观形貌。

（3）分析缺口试样的裂纹效应。

二、实验原理

横截面均匀的光滑试样在静拉伸条件下的力学性能测定实验，在材料力学实验的课程中已经详细介绍，并分析对比了塑性材料和脆性材料的断口形貌、断裂延伸率、断面收缩率和应力-应变曲线，同时也根据应力-应变曲线，学习了金属材料在拉伸条件下的力学性能指标屈服强度和抗拉强度。本实验研究的是在室温条件下，具有不同缺口尺寸的试样在静拉伸时的力学性能即断裂机制，其所用到的材料为正火处理带有缺口的 45 钢，该材料在室温下表现为塑性材料，缺口试样见图 13-1。

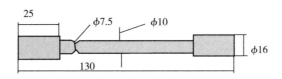

图 13-1　拉伸试验的缺口样品

根据材料力学性能理论知识易知，对于整理横截面均匀的光滑试样，如果存在缺口，则在静拉伸作用下，缺口横截面上的应力状态将发生改变，这就是我们所说的"缺口效应"。"缺口效应"包括两个方面，第一个就是缺口会引起应力集中，并改变缺口前方的应力状态，使缺口式样或机件中所受的应力由原来的单向应力状态变为两向三向应力状态。这使得对于存在缺口的脆性材料，由于应力状态的改变和应力集中的出现，其抗拉强度相对于光滑试样较低；第二个重要的方面是对于塑性材料来说的，同样由于三向应力和应力集中的存在，约束了材料内部的塑性变形，具有缺口的塑性材料的屈服应力比单向拉伸时要高，这就是"缺口强化"。也就是说缺口使塑性材料的强度升高，塑性降低。根据以上两个方面可以得出结论，缺口能使材料产生脆变的倾向，为了评定其脆变倾向，就需要对缺口试样进行静拉伸实验。

缺口静拉伸实验，广泛用于研究高强度钢（淬火后低中温回火）的力学性能、钢和钛的氢脆，以及用于研究高温合金的缺口敏感性等。缺口敏感性能指标用缺口式样的抗拉强度 σ_{bn} 与均匀截面尺寸光滑试样的抗拉强度 σ_b 的比值表示，称为缺口敏感度，表示为 NSR。它与材料的塑性指标一样，也是安全性的力学性能指标，在实际的生产中，只能根据使用经验或试验确定对 NSR 的要求，不能进行定量计算。

另外，在进行缺口试样偏斜拉伸试验时，因试样同时承受拉伸和弯曲载荷的复合作用，故其应力状态更"硬"，缺口截面上的应力分布更不均匀，因而更能显示材料对缺口的敏感性。

三、实验内容

（1）对不同缺口的样品进行拉伸试验，全部进行完拉伸试验后，从计算机内导出实验过程中的性能指标，并加以整理得到如表 13-1 所示的试验数据。

表 13-1　试验数据

试样编号	抗拉强度（MPa）	上屈服强度（MPa）	下屈服强度（MPa）	断裂延伸率（%）	断面收缩率（%）	NSR
1						
2						
3						
4						
5						
6						

（2）根据表 13-1 中的实验结果数据分析，可以得出缺口试样的抗拉强度 σ_b、断后伸长率、断面收缩率和 NSR（缺口敏感度）随缺口尺寸角度的变化情况。

四、实验材料及设备

（1）材料：45 钢（正火）材料（具有不同尺寸缺口的圆柱形拉伸试样）。

（2）设备：10T 万能材料试验机、游标卡尺、计算机。

五、实验步骤

1. 制备样品

对 45 钢进行正火处理，加工成横截面均匀的光滑圆柱形拉伸专用试样，分为六组（整体尺寸相同），编号为 1♯、2♯、3♯、4♯、5♯、6♯；然后，在试样长度方向的中间位置开缺后，其中 1♯ 不开缺口（均匀光滑试样），6♯ 开缺口角度为 90°（垂直于表面），2♯～5♯ 缺口角度从小到大并介于 0° 到 90° 之间，注意六个试样的缺口位置的最小直径相同。

2. 拉伸试验

（1）预处理：在拉伸开始前，首先测得试样缺口处的直径，在径向标记两点（距离大概 100mm）并测得其间的距离，输入到计算机中，为计算机自动计算其断面收缩率和断裂伸长率做准备。

（2）拉伸试验：按照万能材料试验机的操作方法，首先把试样装夹好，然后在计算机上设定实验编号、加载速率、加载重量以及所测指标和试样标准等试验参数。最后，启动试验机，开始拉伸，直到试样断裂，试验机自动停车。

（3）后处理：拉伸结束后，取下试样，把拉断的两段试样结合在一起，用游标卡尺再测得断口处的直径和实验前标记的两点间的距离，输入计算机，自动计算出需要的力学性能指标。

（4）重复实验步骤（1）、（2）、（3），进行下一组试样的试验，直至六组试样全部测完。

（5）观察断口：在放大镜下观察对比六组试样的断口形貌，分析它们的断裂机制有何不同。

六、实验报告

（1）试验结果列表整理清楚，写出计算过程，找出试验规律。

（2）用 origin 软件绘制缺口样品的外力-位移曲线，分析其断裂过程。

第三章 材料物理性能实验

实验十四 双电桥法测金属材料电阻

一、实验目的

(1) 学习使用双电桥测量金属材料电阻的方法。

(2) 通过金属材料的电阻变化研究淬火钢回火时的组织转变。

二、基本原理

钢经淬火后所得组织除马氏体外，还有一些残余奥氏体，高温奥氏体含碳量越高，残余奥氏体的数量就越多。在室温下，马氏体和残余奥氏体都处于亚稳状态，回火时，随着回火温度升高将发生一系列的转变。钢的回火转变通常分为三个阶段：80℃以上回火即开始、发生马氏体分解，从 α' 固溶体中析出 ϵ 相；碳钢在 200℃以上回火时，可明显地观察到残余奥氏体分解；300℃以上回火时发生碳化物转变。总之，回火过程中钢的组织转变过程伴随着碳从过饱和固溶体 α' 和 γ 中脱溶析出，并且形成不同性质和不同数量的碳化铁相。

金属的电阻不仅与合金的成分有关，而且是一个对组织和结构变化十分敏感的物理参数。由于马氏体和残余奥氏体都是固溶体，因此钢具有较高的电阻率。在回火的第一阶段中，马氏体分解为回火马氏体和 ϵ 相，马氏体的含碳量下降，导致电阻明显降低，见图 14-1。回火的第二阶段，残余奥氏体转变使电阻下降

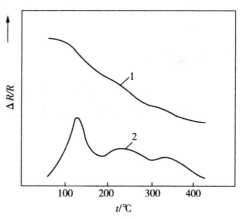

图 14-1　0.5% 碳钢电阻随回火温度变化

$1-\dfrac{\Delta R}{R}$ 与温度的关系曲线；2-曲线 1 的导函数曲线

趋势明显增大；第三阶段中，碳化物转变也使电阻下降趋势增大。因此测出电阻随回火温度的变化曲线，即可从中反映出回火过程中三个阶段组织转变的全过程。

三、双电桥的结构及测量方法

电阻按照阻值大小可分为高电阻（$10^5\,\Omega$ 以上）、中电阻（$1\sim10^5\,\Omega$）和低电阻（1Ω 以下）三种。用惠斯登电桥法测中电阻时，可忽略导线本身以及接点处电阻（称为附加电阻，数量级为 $10^{-4}\sim10^{-2}$）的影响，但是在测低电阻时就不能把它忽略掉。而在双电桥中（又称开尔文电桥）增设了两个臂，这样就能消除附加电阻的影响。双电桥中的被测电阻、标准电阻均采用四端接法。所以本实验引入了四端引线法组成的双电桥，是一种常用的测量低电阻的方法，双电桥适合测 $10^{-6}\sim10^2\,\Omega$ 的电阻。已广泛应用于科技测量中。

（一）双电桥测量原理

可以采用双电桥测出淬火钢在回火过程中电阻的变化。双电桥测量电阻的原理见图 14-2。ε 为直流电源，由它供给测量时各回路中的电流；安培计 A 用于指示测量回路中的工作电流；R 为调整工作电流用的可变电阻；G 为灵敏度很高的检流计；S 为电源开关。

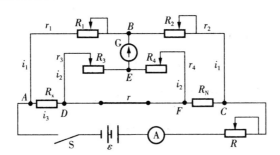

图 14-2　双电桥测量电阻原理图

设 r_1，r_2，r_3，r_4 和 r 代表回路中各段的接线电阻和接触电阻；R_1，R_2，R_3 和 R_4 为可调电阻，各电阻值均不小于 10Ω；R_N 为标准电阻；R_x 为待测电阻，令

$$R_1' = R_1 + r_1 \tag{14-1}$$

$$R_2' = R_2 + r_2 \tag{14-2}$$

$$R_3' = R_3 + r_3 \tag{14-3}$$

$$R_4' = R_4 + r_4 \tag{14-4}$$

可以认为，R_1' 为 A、B 两点之间的总电阻，R_2' 为 B、C 两点之间的总电阻；R_3'

为 D、E 两点间的总电阻；R'_4 为 E、F 两点间的总电阻。

当电桥平衡时，B 和 E 两点间的电位相等，即检流计的读数为零。根据桥路平衡条件可写出：

$$i_1 R'_1 = i_3 R_x + i_2 R'_3 \tag{14-5}$$

$$i_1 R'_2 = i_3 R_N + i_2 R'_4 \tag{14-6}$$

$$i_2 (R'_3 + R'_4) = (i_3 - i_2) r \tag{14-7}$$

由式（14-7）得

$$i_3 = \frac{i_2}{r} (R'_3 + R'_4 + r) \tag{14-8}$$

将式（14-8）代入式（14-5）和式（14-6），再相除得到

$$R_x = \frac{R'_1}{R'_2} R_N + \frac{R'_4 r}{R'_3 + R'_4 + r} (\frac{R'_1}{R'_2} - \frac{R'_3}{R'_4}) \tag{14-9}$$

按式（14-9）计算 R_x 是很烦琐的，设计时，使 $\frac{R_1}{R_2} = \frac{R_3}{R_4}$，并且将这些电阻的阻值设计得很大，另一方面将 r_1、r_2、r_3 和 r_4 设计得足够小，这样可使 $(R'_1/R'_2 - R'_3/R'_4)$ 趋向于零。此外，还选用短而粗的良导体作电阻 r，其阻值很小，这样，式（14-9）中的 $\frac{R'_4 r}{R'_3 + R'_4 + r}$ 显然是一个很小的小数。由于设计中采取了上述措施，式（14-9）中的第二项便趋于零。于是可得

$$R = \frac{R'_1}{R'_2} R_N \tag{14-10}$$

考试到 r_1 及 r_2 都很小，R_1 及 R_2 又都很大，故式（14-10）可近似写为

$$R_x = \frac{R_1}{R_2} R_N \tag{14-11}$$

当检流计指零时，便可从双电桥的刻度盘上读出 R_1 及 R_2 的阻值，R_N 的阻值为已知，故由式（14-11）便可计算出 R_x 的阻值。从式（14-11）不难看出，这种方法测量结果的精度与 R_1、R_2 和 R_N 的阻值精度有关，此外还与检流计的灵敏度有关。一般可选用高灵敏度的光点检流计作指零仪表，当检流计的灵敏度为 $100\text{mm}/\mu A$ 时，双电桥的可测范围为 $100 \sim 10^{-6} \Omega$，能读出四位有效数字，精度可达 0.05%。

（二）双电桥测量精度

双电桥的测量精度高，还与采取了以下技术措施有关：

（1）检流计不直接与试样相连接，而是通过连接线和比接触电阻大得多的电

阻与试样连接，桥路平衡是通过四个具有较大阻值的 R_1，R_2，R_3 和 R_4 来实现。由于这些电阻的阻值很高，所以通过它们的电流很小，这样在 ABC 和 DEF 回路中的接触导线电阻对 B 和 E 点电位的影响很小，可以忽略不计。

（2）标准电阻 R_N 和待测电阻 R_x 的阻值很小，由它们组成回路时，通过回路的电流就很大，因此 R_x 有微小变化都显著地影响 B 和 E 点的电位。也就是说，双电桥对 R_x 的微小变化很敏感，即灵敏度很高，这一点正好适合电阻分析的需要。

（3）R_N 和 R_x 都采用了合理的接头，在测量范围内不含有接触电阻，因此接触电阻对测量结果没有影响，从而提高了测量的精度。

（三）注意事项

使用双电桥应注意以下几点：

（1）选用的 R_N 应接近 R_x 的阻值。

（2）增大工作电流可提高灵敏度，但必须考虑所通过的电流不致引起试样和回路的温度升高。

（3）为了消除回路中热电势的影响，可正向和反向通电流测量，然后再取平均值。

QJ 型单双臂两用电桥的电路见图 14 - 3。双电桥测量臂各盘的参数为 $10 \times 1000\Omega$、$10 \times 100\Omega$、$10 \times 10\Omega$、$10 \times 1.0\Omega$、$10 \times 0.1\Omega$；用这种电桥测量微小电阻

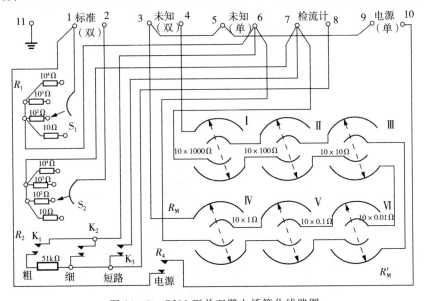

图 14 - 3　QJ36 型单双臂电桥简化线路图

图中，S_1，S_2—开关；K_1，K_2—检流计通断按钮；K_3—检流计短路按钮；K_4—电源通断按钮；

I～VI—电阻箱测量读数盘；1 及 2—双电桥接标准电阻 R_N 端钮；3 及 4—双电桥接未知电阻 R_x 端钮；

5 及 6—单电桥接未知电阻 R_x 端钮；7 及 8—接检流计 G 的端钮；9 及 10—单电桥接电源端钮

时，要按照图 14-5 接线。将试样待测电阻 R_x 与标准电阻 R_N、工作电源 ε 及可变电阻 R 连接成测量线路。

当使用双电桥时，首先要估算 R_x 的阻值，根据估算的 R_x 阻值大小选定与 R_N 相等或接近 R_N。根据测量 R_x 的阻值范围，参照电桥的附表选定 R_1 及 R_2，按仪表规定 $R_1 = R_2$，因此，将其余两个插头插入与 R_1 和 R_2 相对应的孔内。电桥与电阻的电位端接线电阻应小于电桥臂阻值的 0.01%，接通电源，调整电桥的旋钮，当检流计光点指零时，则

$$R_x = \frac{R_1}{R_2} R_N \qquad (14-12)$$

四、实验设备及材料

实验设备及材料见图 14-4。

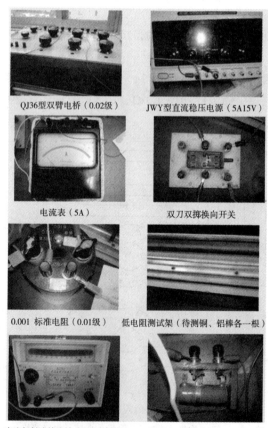

QJ36型双臂电桥（0.02级）　　JWY型直流稳压电源（5A15V）

电流表（5A）　　双刀双掷换向开关

0.001 标准电阻（0.01级）　　低电阻测试架（待测铜、铝棒各一根）

直流复射式检流计（C15/4或6型）　　可变电阻 R_p

图 14-4　实验设备及材料

（1）QJ36 双臂电桥（0.02 级）1 台。

（2）AC15/2 型复射式检流计 1 台。

（3）与试样电阻值相近的 CZ 型标准电阻（0.01 级）1 个。

（4）双刀双掷换向开关 1 个。

（5）5A 直流电流表 1 个。

（6）50Ω，10A 变压器 1 个。

（7）WYJ 直流稳压电源（5A 15V）1 台。

（8）连接用铜导线。

（9）直径为 1mm，长 1.5m 的 T12 钢丝，预先卷成直径 20mm 的螺线管状，亦可选用圆棒和方棒形试样，20 支分为 10 组，各组分别经 40℃、50℃、100℃、200℃、230℃、240℃、250℃、300℃、400℃回火 1h。每个小组做 2 支。

五、操作步骤

（1）测量 T12 钢棒的直径，每个样品测量六次。

（2）根据 R_x 估算值选取 R_N，使 R_N 接近 R_x 阻值。按图 14-5 将 R_x、R_N、E、A、R 及开关连接成测量线路。

（3）将不同热处理状态的钢棒接入电路，打开检流计开关，待光点稳定后，根据图 14-5 将开关 S 拨向 I 的位置，调整旋钮使检流计指零，将旋钮指示读数

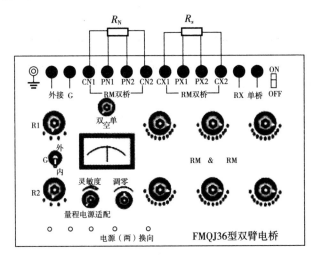

图 14-5　QJ36 型电桥双电桥法测量电阻的接线图

记录下来。然后将开关拨向 II 的位置，重新调整旋钮，使检流计指零，记录旋钮的读数。这样将双刀双掷开关正反各打三次，测得 6 个电阻数据。用所得数据算

出各自的电阻率。

（4）将检流计回路中电源切断，更换试样，重新按以上步骤进行操作，并进行测量。

（5）测量完毕，整理仪器，将测量结果交实验指导教师检查。

六、实验报告

（1）简述实验目的及原理。为什么选择 R_N 要接近 R_x 值才可以明显地减少测量的误差？

（2）填表

① 钢棒测量

直径	1	2	3	4	5	6
钢棒（mm）						

② 电阻的测量

钢棒	正向开关时的测量值（Ω）			反向开关时的测量值（Ω）		
	1	2	3	1	2	3

（3）整理全部实验数据，作出电阻-回火温度曲线。根据电阻-回火温度曲线分析随着回火温度的升高，钢的相转变情况。

实验十五　磁性法测量钢中残余奥氏体量

一、实验目的

(1) 掌握用冲击磁性仪测定钢的饱和磁化强度的方法。

(2) 学会根据钢的饱和磁化强度值来计算钢中残余奥氏体量的方法。

(3) 研究热处理工艺对残余奥氏体量的影响。

二、基本原理

淬火钢中残余奥氏体的量 φ_A 对于工具、模具、轴承、齿轮等，具有非常重要的意义。为了使精密工具、量具在使用过程中不发生过量变形，除消除内应力以及使马氏体充分稳定外，应尽量减小残余奥氏体的含量。

钢的化学成分、淬火加热温度及保温时间、冷却速度、冷却终了温度和停留时间以及随后的冷处理温度等都会影响钢中 φ_A 的多少。一般来说，使过冷奥氏体稳定化的因素都能使钢中 φ_A 增大，深冷处理可以明显地减少钢中 φ_A，但不能使其完全消除，这是由于奥氏体相变陈化稳定的结果。减小以至消除残余奥氏体的另一种方法是回火。

测量 φ_A 的方法很多，其中磁性法是最常用的方法之一。此方法具有设备简单、操作方便、费用低、测试速度快等优点，而且能够准确地测出 φ_A 的相对变化，因而是研究材料和热处理工艺的有效手段。

我们知道，在任何温度下钢中的奥氏体均呈顺磁性，而由奥氏体转变所得到的产物，其中包括珠光体、铁素体、贝氏体、马氏体等在常温下均呈铁磁性。当顺磁相与铁磁相形成机械混合物时，其饱和磁化强度与铁磁相的数量成正比。如果淬火组织由奥氏体与马氏体组成，则

$$\varphi_A = \frac{(Ms)_r - (Ms)_s}{(Ms)_r} \times 100\% \qquad (15-1)$$

式 (15-1) 中，φ_A 为试样的残余奥氏体量，$(Ms)_r$ 为标样（标准试样）的饱和磁化强度值；$(Ms)_s$ 为试样的饱和磁化强度值。

在实际测量时很难获得理想的标样，一般采用相对标样。下面介绍两种可供实际采用的相对标样。

1. 冷处理标样

对碳钢和低合金钢可取相同材料的样品，经同一工艺条件淬火后，将一支样

品在－196℃的液氮中停留 1h，作为标样。因为淬火加热温度相同，所以试样与标样中的碳化物及马氏体合金化程度相同，所差者是淬火组织中的奥氏体含量不同。一般采用冷处理标样，用式（15-1）计算 φ_A，可得到较好的效果。

2. 回火标样

除冷处理标样外，测量碳钢和合金钢的残余奥氏体还用回火标样法。回火标样是将同种材料、相同工艺淬火后的试样，充分进行回火处理，对于碳钢、低合金钢采用 300℃、20min 的低温回火，使残余奥氏体充分分解为贝氏体组织状态，以此试样作为相对标样，用式（15-1）直接计算 φ_A，可得到比较准确的结果。

对于高碳、高合金钢，由于淬火态的组织中残余奥氏体数量较多，而且非常稳定，故不能采用低温回火或冷处理的标样，而是采用同种成分的钢经淬火后，进行高温回火，使残余奥氏体充分分解所得的试样作为相对标样。

三、测量方法

确定 φ_A 主要是通过对 $(Ms)_r$ 和 $(Ms)_s$ 的测量来实现，用冲击法测量饱和磁化强度时，冲击磁性仪的指示仪表可用冲击检流计，亦可用磁通计。

1. 用冲击检流计作为指标仪表测量饱和磁化强度

冲击法所用的仪器称为冲击磁性仪，其结构如图 15-1 所示。图中互感器 M 右侧的线路为测量线路冲击常数 C_μ 的辅助线路，当调好测量线路的量程（灵敏度）之后，即用此线路确定冲击常数 C_μ 值。S_2 为短路开关，它保护检流计 G 的安全，调整磁场强度或检流计不工作时，将 S_2 关闭。R_2、R_3、R_4 是电阻箱，用以调整检流计的量程和灵敏度。

用冲击法测量时，首先给电磁铁的磁化线圈通以直流电流，使磁极间的磁场强度大于 $28 \times 10^4 A \cdot m^{-1}$，然后打开开关 S_2，待检流计 G 光点稳定后，迅速将试样由极头一侧，沿着孔内的中心管迅速推至磁极间隙的中间部位，此时测量线圈中磁通量的变化值为

$$\Delta\varphi = \mu_0 B_s \cdot S \tag{15-2}$$

式（15-2）中，μ_0 为真空磁导率；S 为试样的截面积，m^2。

由 $\Delta\varphi$ 通过测量线圈感应出的电量导致冲击检流计光点偏转为

$$\Delta\varphi = \frac{C_\mu \cdot a_m}{n} \tag{15-3}$$

与（15-2）式比较得到

$$B_s = \frac{C_\mu \cdot a_m}{\mu_0 n S} \tag{15-4}$$

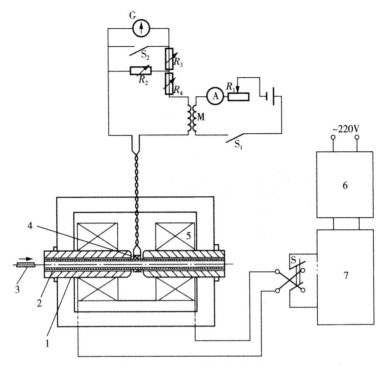

图 15-1 冲击磁性仪结构图

1—磁铁；2—铜管；3—试样；4—测量线圈；5—磁化线圈；6—电源稳压器；7—整流器

式（15-4）中，n 为测量线圈的匝数；C_μ 为测量线路的冲击常数（Wb/mm）；a_m 为灯尺上光点最大偏格数（mm）。

如果测量所选用的标样和试样尺寸相同，则式（15-1）可简化为

$$\varphi_A = \frac{a^\circ_m - a_m}{a^\circ_m} \times 100\% \qquad (15-5)$$

式（15-5）中，a°_m 为标样光点偏格数（mm）；a_m 为试样光点偏格数（mm）。

本实验选用直径 3~8mm、长度为 50mm±0.01mm 的试样，用冲击检流计测量时，灯尺偏格应选择 100~150mm，以保证读数的精确度。

2. 用磁通计作为指示仪表测量饱和磁化强度

利用磁通计作指示仪表测残余奥氏体的仪器有 SCAY-1 型数字式残余奥氏体测定仪，其结构如图 15-2 所示。除测量回路中指示仪表为数字式磁通计（简称磁通计）外，其他均与图 15-1 相同。这里我们只介绍磁通计的测量原理。磁通计电路见图 15-3，图中 C 为电容，R 为电阻，E 为感应电势。

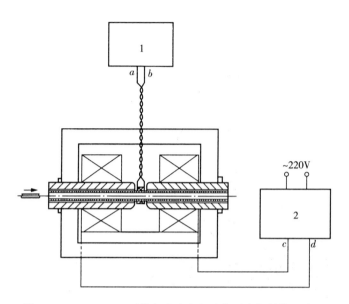

图 15-2 SCAY-1 型数字式残余奥氏体测定仪结构示意图

1—磁通表；2—电源稳压器

测量时，首先给电磁铁的磁化线圈通以直流电流，使磁极间的磁场强度达 $28 \times 10^4 \mathrm{A \cdot m^{-1}}$。当试样冲入到磁极间隙的瞬间，试样被磁化到饱和程度，因而在测量线圈中产生一个瞬时感应电势 E，这个电势加到 V-f 变换磁通计上，V-f 变换磁通计将输出一系列的脉冲，

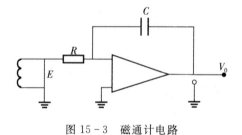

图 15-3 磁通计电路

脉冲的数目正比于感应电势的积分 $\int E \mathrm{d}t$。这些脉冲在计数器中被累加起来，便得到磁通的变化值，再通过显示器，可以把线圈的感应电势转换成与其成正比的频率 f，即

$$f = kE \tag{15-6}$$

式(15-6)中，k 为常数，通过电子计数器累计以后，得到脉冲数，即计数器所显示的数字。

$$P = \int f \mathrm{d}t = k \int E \mathrm{d}t = nk \int \mathrm{d}\varphi = nk \Delta\varphi \tag{15-7}$$

式(15-7)中，$\Delta\varphi$ 为磁通的变化值；n 为测量线圈的匝数。由此看出，通过

与 $\Delta\varphi$ 成正比的计数器的数字 P，可以实现对磁通 φ 的数字化测量。根据式（15-2），得

$$B_s = \frac{\Delta\varphi}{\mu_0 S} \tag{15-8}$$

故可得

$$B_s = \frac{P}{nk\mu_0 S} \tag{15-9}$$

根据式（15-9）即可计算出试样的饱和磁化强度。

四、实验设备及材料

（1）强磁场电磁铁及直流稳压源 1 套。

（2）AC4/3 型冲击检流计或磁通计 1 台。

（3）直径为 6mm、长为 40mm 的 GCr15 或 T12 钢试样一套 5 支，实验前分别进行 800℃、820℃、840℃、860℃、880℃ 盐炉淬火。

（4）冷处理标样一套 5 支，分别由 800℃、820℃、840℃、860℃、880℃ 盐炉淬火后，立即进行 −196℃、2h 深冷处理。

（5）回火标样 5 支。分别经 800℃、820℃、840℃、860℃、880℃ 盐炉淬火后，在 300℃ 进行 20min 回火。

（6）直径 6～10mm、长 70mm 的铜管 1 支。

（7）千分卡尺 1 个。

五、操作步骤

1. 利用冲击检流计测量步骤

（1）用漆包线和铜管自制 20～30 匝测量线圈一套，按图 15-1 所示位置安装好。

（2）变动 R_2、R_3、R_4，调好冲击检流计的量程。

（3）关闭开关 S_2，接通电源，调节磁化电流，使磁场强度大于 28×10^4 A·m^{-1}。

（4）打开开关 S_2，待检流计光点稳定后，用细铜杆将试样由一端迅速捅入磁极间隙中，同时观察检流计的最大偏格 a_m，并记录在表格中。每个试样测量三次。每次测量之前必须将前一次的试样取出。

（5）将每一个试样及标样的最大偏格 a_m 和 d_m° 记入表格。

（6）关闭开关 S_2，切断总电源，整理好实验仪器，将测量结果交实验指导教师检查。

2. 利用磁通计测量 φ_A 的步骤

（1）将稳压稳流电源接 220V 电源。并将电磁铁的引出线 c、d 两端分别接稳压电源的"＋"与"－"端（图 15-2）。而探测线圈的引出线 a、b 点与磁通计的输入端连接。

（2）将磁通计置入灵敏档（1×1 档），预热 20min。

（3）接通电源后，将磁化电源的电流值调到 2.6A。此时磁场强度大于 $28\times10^4 A\cdot m^{-1}$。

（4）测量时，先将磁通表复"零"，然后迅速将试样从一端捅入磁极当中，同时观察磁通表上的指示数值，并记录下来，下一次测量时，重复（4）中所写的操作步骤。

六、实验报告

（1）简述磁性法测量残余奥氏体的基本原理。影响本实验测量精度的因素有哪些？如磁场强度小于 $28\times10^4 A\cdot m^{-1}$，会给测量结果带来什么影响？

（2）分别用回火标样及冷处理标样计算试样的 φ_A，采用式（15-5）计算。

（3）作出 φ_A 与淬火加热温度的关系曲线。

（4）分析及讨论加热温度和测量标样的选择对实验结果的影响。

实验十六 材料的差热（DTA） 和热重（TG）分析实验

（一）差热（DTA）分析实验

一、实验目的

（1）了解热分析技术在材料研究中的应用。

（2）通过用 DTA 测定淬火碳钢在回火加热时的热谱图，熟悉 DTA 的工作原理、结构以及掌握正确的测试方法。

（3）分析热谱图中 DTA 曲线，进一步了解碳钢回火转变特点，并学会观察和分析热谱图的方法。

二、基本原理

物质在升温或降温过程中，如果发生了物理或化学变化有潜热的释放或吸收，就会改变原来的升降温进程，在温度记录图线上有异常反应，称之为热效应。热分析就是通过热效应来研究物质内部物理和化学过程的实验技术。把被分析的试样放在炉子中平稳地升温（或降温），记录其温度-时间曲线，就是最简单的热分析试验。如果在升（降）温过程中，试样有热效应，就可以观察到温度-时间曲线有异常的变化 [图 16-1（a）]。热分析技术用于测量物质在升、降温过程中的物理参数（质量、反应热、比热、膨胀系数等）及其变化，以研究物质的成分、状态、结构及其他理化性能。

简单热分析方法对试样内部的物理和化学过程不灵敏，现在一般采用差热分析方法（Differential Thermal Analysis，简称 DTA）。DTA 是在控制温度程序下，测量被研究试样与参比样品之间的温度差 ΔT 随温度变化的一种技术，可得到差热分析曲线。因为没有热效应时的 ΔT 为零，仅在热效应过程中才有讯号输出，故可以选用较高灵敏度的记录仪表，从而使差热分析具有比简单热分析高得多的灵敏度。

差热分析技术可用于研究物质内部一切有吸放热效应的过程。应该选择试验温度范围内不含有热效应的物质为参考样品，假定试样和参考样品具有相同的热性质，则在没有发生热效应时，差热分析曲线为一条稳定的水平线（$\Delta T = 0$）。

当试样发生了放、吸热效应，它的升温、降温速度将陡然高于或低于参考样品，在差热分析曲线上隆起一个热效应峰［图 16-1（b）］。这些过程在热分析记录仪上，表现为温度-时间曲线的斜率突变，或温度-时间曲线的热效应峰。根据热效应出现的温度，可以确定转变温度；根据曲线的斜率变化，可以确定转变速度等动力学参数；根据热效应峰下的面积，可以确定过程吸放的热量；根据热效应峰在温度坐标上的分布（热谱），可以确定混合物的组分。

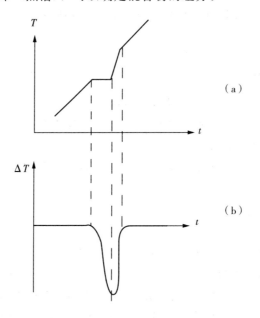

图 16-1　热分析曲线示意图

（a）简单热分析（TA）；（b）是差热分析（DTA）

　　热分析技术广泛适用于多种物质如金属、矿物、土壤、生物等的分析。热分析对那些吸放热量大且转变速度快的过程最为有效，例如金属的熔化和凝固等。而对涉及热量小、转变速度又慢的过程，则比较困难。关键在于热分析曲线在没有发生热效应时的平稳性，即基线的平稳性。热分析技术的发展，使得人们能够获得越来越平稳的基线，从而可能研究那些热效应不太尖锐的过程。

　　1. 差热分析（DTA）的基本原理

　　差热分析是在程序控制温度下，测量物质与参比物之间的温度差与温度关系的一种技术。差热分析曲线是描述样品与参比物之间的温差（ΔT）随温度或时间的变化关系。在 DTA 试验中，样品温度的变化是由于相转变或反应的吸热或放热效应引起的，可以研究物质的成分、状态、结构及其他理化性能。如：相转变、熔化、结晶结构的转变、质量、反应热、比热、膨胀系数及其变化，沸腾、升华、蒸发、脱氢反应、断裂或分解反应、氧化或还原反应、晶格结构的破坏和其他化学反应。一般说来，相转变、脱氢还原和一些分解反应产生吸热效应；而结晶、氧化和一些分解反应产生放热效应。

差热分析技术的原理如图 16-2 所示。将试样和参比物分别放入坩埚，置于炉中以一定速率 $v=\dfrac{\mathrm{d}T}{\mathrm{d}t}$ 进行控制升温，以 T_s、T_r 表示各自的温度，设试样和参比物（包括容器、温差电偶等）的热容量 C_s、C_r 不随温度而变。则它们的升温曲线如图 16-3 所示。若以 $\Delta T=T_s-T_r$ 对时间 t 作图，所得 DTA 曲线如图 16-4 所示，在 0—a 区间，ΔT 大体上是一致的，形成 DTA 曲线的基线。随着时间的增加，试样产生了热效应（例如相转变），则与参比物间的温差变大，在 DTA 曲线中表现为 P 峰。显然，温差越大，峰也越大；试样发生变化的次数多，峰的数目也多，所以各种吸热和放热峰的个数、形状和位置与相应的温度可用来定性地鉴定所研究的物质，而峰面积与热量的变化有关。

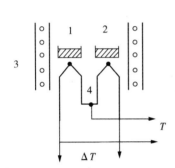

图 16-2　差热分析的原理图
1—参比物；2—试样；3—炉体；
4—热电偶（包括吸热转变）

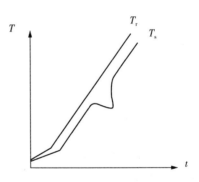

图 16-3　试样和参比物的升温曲线

DTA 曲线所包围的面积可用下式表示

$$\Delta H=\frac{K}{m}\int_b^d \Delta T \mathrm{d}\tau \qquad (16-1)$$

式(16-1)中，m 为样品质量；b、d 分别为峰的起始、终止时刻；ΔT 为时间 τ 内样品与参比物的温差；$\int_b^d \Delta T \mathrm{d}\tau$ 代表峰面积；K 为仪器常数。

2.DTA 曲线起止点温度和面积的测量

（1）DTA 曲线起止点温度的确定

如图 16-4 所示，DTA 曲线的起始温度可取下列任一点温度：曲线偏离基线之点 T_b；曲线的峰值温度 T_p，但是在对应的 T-t 曲线上 T_p 没有显示，可以

借助 bc 与 ed 的延长线交于 d'，d' 对应的温度 T_d 为转变终止温度。其中 T_b 与仪器的灵敏度有关，灵敏度越高则出现得越早，即 T_b 值越低，故一般重复性较差，T_p 和 T_e 的重复性较好，其中 T_e 最为接近热力学的平衡温度。

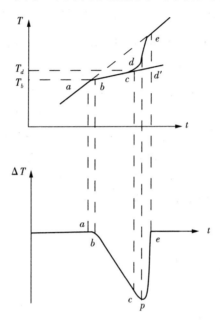

图 16-4　DTA 吸热转变曲线

（2）DTA 峰面积的确定

DTA 的峰面积为反应前后基线所包围的面积，其测量方法有以下几种：①使用积分仪，可以直接读数或自动记录下差热峰的面积。②如果差热峰的对称性好，可作等腰三角形处理，用峰高乘以半峰宽峰高 1/2 处的宽度的方法求面积。③剪纸称重法，若记录纸厚薄均匀，可将差热峰剪下来，在分析天平上称其质量，其数值可以代表峰面积。

不论是处理标定还是测量的试验结果，都需要划定峰的面积。对于反应前后基线没有偏移的情况，只要联结基线就可求得峰面积，这是不言而喻的。对于基线有偏移的情况，可用下面两种方法划定面积。假定试验所得到的热效应峰如图 16-5 所示，第一种方法：连接峰的起点 a 和落点 e，以 $apea$ 圈定的面积为峰面积。第二种方法：从峰尖作横坐标的垂直线，与前后基线的延长线分别交于 g 和 f 点，以 $apefga$ 圈定的面积为峰面积。这种求面积的方法是认为在 $pefp$ 中丢掉的部分与 $pagp$ 中多余的部分可以得到一定程度的抵消。

3. 影响差热分析的主要因素

差热分析操作简单，但在实际工作中往往发现同一试样在不同仪器上测量，或不同的人在同一仪器上测量，所得到的差热曲线结果有差异。峰的最高温度、形状、面积和峰值大小都会发生一定变化。其主要原因是因为热量与许多因素有关，传热情况比较复杂所造成的。一般说来，一是仪器，二是样品。虽然影响因素很多，但只要严格控制实验条件，仍可获得较好的重现性。

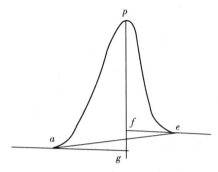

图 16-5　峰面积的划定法

（1）气氛和压力的选择

气氛和压力可以影响样品化学反应和物理变化的平衡温度、峰形。因此，必须根据样品的性质选择适当的气氛和压力，有色金属和钢铁在氧化性的气氛下加热至高温，都会引起试样的氧化而出现氧化峰，参比试样也存在氧化问题，因此选择 N_2 或 Ar 作为保护气氛。

（2）升温速率的影响和选择

升温速率不仅影响峰温的位置，而且影响峰面积的大小，一般来说，在较快的升温速率下，峰面积变大，峰变尖锐。但是快的升温速率使试样分解偏离平衡条件的程度也大，因而易使基线漂移。更主要的可能导致相邻两个峰重叠，分辨力下降。较慢的升温速率，基线漂移小，使体系接近平衡条件，得到宽而浅的峰，也能使相邻两峰更好地分离，因而分辨力高。但测定时间长，需要仪器的灵敏度高。一般情况下选择 $8\sim12$ ℃·min^{-1} 为宜。

（3）装置因素

装置因素，包括：样品管的结构和材料，坩埚的型式与材料，炉膛的形状与结构，热电偶的材质以及热电偶插在试样和参比物中的位置等，炉温控制方法以及放大器与记录仪的性能参数。在金属材料的热分析试验中，坩埚常用于粉末样或试验过程含有液态的场合。为防止与试样的相互作用，常使用非金属坩埚（氧化铝、石英等）。

4. 试样和参比物的选择

试样一般为粉末状，但在研究金属时，也常选用与坩埚尺寸相近的圆片试样，无论哪种试样，都应尽量使样品与坩埚底面有更大的接触表面积，以减小热阻。试样的重量在灵敏度足够的情况下应尽可能减小，一般为几毫克到几百毫克。试样重量大，则转变时吸放的总热量大，有利于显示转变，但同时导致样品内的温度梯度增大，热分析记录曲线的钝化严重、相邻峰的分辨力降低。试样重量小，峰小而尖锐，峰的分辨率高。只有试样的重量不超过某种限度时，差热峰的面积和试样的重量才呈直线关系，超过这个限度，就会偏离线性关系。另外试样和参比试样的重量要匹配，以免两者热熔相差太大，使基线增大漂移。

要获得平稳的基线，参比物的选择很重要。要求参比物在加热或冷却过程中不发生任何变化，在整个升温过程中参比物的比热、导热系数、粒度尽可能与试样一样。试样为金属时，常用钼和镍作参比试样，亦可采用与试样相同的材料，但需经过退火处理，得到稳定的组织。由于二者的热力学性质更加接近，基线漂移小，使差热曲线精度和清晰度进一步提高。

三、DTA 的仪器结构

典型的 DTA 装置框图如图 16-6 所示。

（1）温度程序控制单元。使炉温按给定的程序方式（升温、降温、恒温、循环）以一定速度上升、下降或恒定。

（2）差热放大和记录单元。用以放大温差电势，由于记录仪量程为毫伏级，而差热分析中温差信号很小，一般只有几微伏到几十微伏，因此差热信号须经放大，由自动记录仪将测温信号和温差信号同时记录下来。

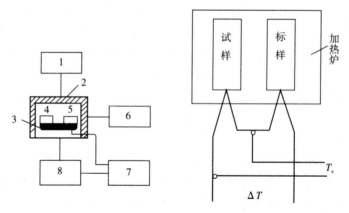

图 16-6 典型 DTA 装置的框图

1—气氛控制；2—炉子；3—温度敏感器；4—样品；
5—参比物；6—炉腔程序控温；7—记录仪；8—微伏放大器

在进行差热分析过程中，如果升温时试样没有热效应，则温差电势应为常数，差热曲线为一直线，称为基线。但是由于两个热电偶的热电势和热容量以及坩埚形态、位置等不可能完全对称，在温度变化时仍有不对称电势产生。此电势随温度升高而变化，造成基线不直。

四、实验设备及材料

（1）CPY-1P 差热分析仪 1 台。

（2）精度为 0.01g 的天平 1 台。

（3）CDR－1 型差动热分析仪 1 台。

（4）样品与坩埚尺寸相近，材料为金属铟。

（5）尺寸和试样相同的参比试样 1 个（Al₂O₃ 或者金属 Mo）。

五、实验步骤

1. 准备工作

（1）取两只空坩埚，从炉顶放在样品杆上部的两只托盘上。

（2）通水和通气：接通冷却水，开启水源使水流畅通。根据需要在通气口通入一定流量的保护气体。

（3）送电：将"升温方式"的选择开关拨在升温位置，开启总电源、温度程序控制电源和差热放大器电源开关。

2. 差热测量

（1）准备工作同前，应使仪器预热 20min。

（2）将样品放入已知重量的坩埚中称重，在另一只坩埚中放入重量基本相等的参比物。然后将盛样品的坩埚放在样品托的左侧托盘上，盛参比物的坩埚放在右侧的托盘上（约 5mg），盖好瓷盖和保温盖。

（3）保持冷却水流量约 $200\sim300\text{mL} \cdot \text{min}^{-1}$。

（4）在一定的气氛下，将升温速度选择 $5℃ \cdot \text{min}^{-1}$，接通电源，按下"工作"旋钮，开始升温。

（5）开启计算机，自动记录升温曲线和差热曲线，直至发生要求的相变后，将"程序方式"选择降温。如作步冷曲线可继续记录至要求的相变点以下，然后停止记录。

（6）打开炉盖，取出坩埚，待炉温降至 50℃ 以下时，换上另一样品，按上述步骤操作。

3. 数据处理

（1）将所得数据列表。

（2）定性说明所得差热图谱的意义。

（3）按下式计算样品的相变热 ΔH。

$$\Delta H = \frac{K}{m}\int_b^d \Delta T \text{d}\tau \tag{16-2}$$

式(16-2)中，m 为样品质量；b、d 分别为峰的起始、终止时刻；ΔT 为时间 τ 内样品与参比物的温差；$\int_b^d \Delta T \text{d}\tau$ 代表峰面积；K 为仪器常数。

六、实验注意事项

（1）试样与参比物粒度应大致相同，两者装入在坩埚中的紧密程度应基本一致。

（2）试样坩埚与参比物坩埚放入加热炉中的位置应正确，不能调换。

（3）加热炉通电前应先通入冷却水。

（4）差热分析仪的"偏差指示"为负时，才能打开加热炉电源。在加热过程中加热炉的电压指示过大，应立即切断加热炉电源。

（5）控制升温速度，以免出现测量误差。

七、实验报告

（1）差动扫描热分析（DTA）的基本原理是什么？在金属材料的研究中有哪些主要应用？

（2）影响差动热分析试验结果的主要因素是什么？

（3）用DTA研究碳钢回火转变与其他物理性能分析方法（如电阻分析、膨胀分析）的异同点。

（二）热重（TG）分析实验

热重分析是指在程序控制温度下测量物质的质量变化与温度关系的一种技术，通常又称之为热重法，测得的记录曲线称为热重曲线（TG曲线），其纵坐标为试样的质量，横坐标为试样的温度或时间。

一、实验目的

（1）了解热重分析的仪器装置及实验技术。

（2）测绘草酸钙的热重曲线，解释曲线的变化。

二、实验基本原理

物质受热时，发生化学反应，质量也就随之改变，测定物质质量的变化就可研究其变化过程。热重法（TG）是在程序控制温度下，测量物质质量与温度关系的一种技术。热重法实验得到的曲线称为热重曲线（即TG曲线）。TG曲线以质量作纵坐标，从上向下表示质量减少；以温度（或时间）为横坐标，自左至右表示温度（或时间）增加。热重法的主要特点是定量性强，能准确地测量物质的变化及变化速率。热重法的实验结果与实验条件有关。但在相同的实验条件下，同种样品的热重数据是重现的。

三、主要仪器设备及试剂

主要设备：综合热分析仪 1 套。

试剂：一个结晶水的草酸钙（$CaC_2O_4 \cdot H_2O$）。

四、实验方法

（1）调整天平的空秤零位；（2）将坩埚在天平上称量，记下质量数值，然后将待测试样放入已称坩埚中称量，并记下试样的初始质量；（3）将称好的样品坩埚放入加热炉中吊盘内；（4）调整炉温，选择好升温速率；（5）开启冷却水，通入惰性气体；（6）启动电炉电源，使电源按给定速度升温；（7）观察测温表，每隔一定时间开启天平一次，读取并记录质量数值；（8）测试完毕，切断电源，待炉温降至 100℃时切断冷却水。

五、草酸钙（$CaC_2O_4 \cdot H_2O$）在 TG 曲线上质量变化

含有一个结晶水的草酸钙（$CaC_2O_4 \cdot H_2O$）的热重曲线如图，$CaC_2O_4 \cdot H_2O$ 在 100℃以前没有失重现象，其热重曲线呈水平状，为 TG 曲线的第一个平台。在 100℃和 200℃之间失重并开始出现第二个平台。这一步的失重量占试样总质量的 12.3%，正好相当于每摩尔 $CaC_2O_4 \cdot H_2O$ 失掉 1 摩尔 H_2O，因此这一步的热分解应按下式进行：

$$CaC_2O_4 \cdot H_2O \rightarrow CaC_2O_4 + H_2O （分解反应） \qquad (16-3)$$

在 400℃和 500℃之间失重并开始呈现第三个平台，其失重量占试样总质量的 18.5%，相当于每摩尔 CaC_2O_4 分解出 1 摩尔 CO，因此这一步的热分解：

$$CaC_2O_4 \rightarrow CaO + CO \qquad (16-4)$$

在 600℃和 800℃之间失重并出现第四个平台，其失重量占试样总质量的 30%，正好相当于每摩尔 CaC_2O_4 分解出 1 摩尔 CO_2，因此这一步的热分解：

$$CaC_2O_4 \rightarrow CaO + CO_2 \qquad (16-5)$$

最终草酸钙完全分解式：

$$CaC_2O_4 \cdot H_2O \rightarrow CaO + CO + CO_2 \qquad (16-6)$$

图 16-7 为草酸钙的热重曲线，图 16-8 为热重曲线对温度的一阶导数曲线（微商热重曲线 DTG）。

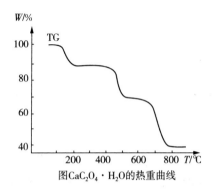

图CaC₂O₄·H₂O的热重曲线

图 16-7 草酸钙热重曲线

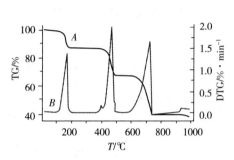

图 16-8 草酸钙（TG，DTG）-T 图谱

六、实验报告

（1）什么是热重分析法？什么是热重曲线？为什么要测试材料的热重？

（2）用 origin 软件作出草酸钙的热重谱图，分析失重代表的化学反应。

实验十七　膨胀法测量金属材料的膨胀系数

一、实验目的

（1）学习用热膨胀仪测量金属的膨胀曲线。

（2）学习根据膨胀曲线确定钢的组织转变温度的方法。

（3）研究合金元素对钢相变温度的影响。

二、基本原理

在加热或冷却过程中，金属及合金比容要发生相应的变化。导致比容变化有两方面的原因：一是由于温度变化引起体积膨胀或收缩；二是由于合金的组织变化引起体积效应。前者和温度之间的关系具有简单连续变化的特点；后者则使膨胀和温度的关系曲线上出现明显的拐折。合金的组织转变有不同的类型，体积效应的性质和大小也各不相同，对于第一类转变，在转变温度试样的体积产生跃变，转变量愈大，跃变也愈明显；第二类转变时，在一个温度范围内，试样的体积是逐渐变化的，转变量愈大，拐折也愈明显。钢在加热过程中，由珠光体转变为奥氏体伴随着体积明显缩小；冷却时，过冷奥氏体转变为珠光体则产生体积膨胀。根据加热和冷却过程中的膨胀效应，研究金属及合金的组织转变是一种很有效的手段。由于钢铁材料组织转变的膨胀效应比较明显，可用于测量钢的组织转变温度。用膨胀法测定钢的组织转变温度不仅比金相法、X 射线法简便，而且测量的速度快，是较为理想的一种测量方法。因此，膨胀法在工厂的实验室中得到了较为普遍的应用。

膨胀分析测量的目的是获得膨胀量和温度的关系曲线，即膨胀曲线，再从膨胀曲线确定组织转变温度。确定转变的临界温度有两种方法：一是用切离点所对应的温度表示转变温度；二是用拐折的峰巅或谷底温度表示转变温度。图 17-1 是亚共析钢的膨胀曲线，由图可见，亚共析钢加热时，由珠光体转变为奥氏体切离点为 a 和 b，a 和 b 所对应的温度分别为 Ac_1 和 Ac_3 点。冷却时的切离点为 c 和 d，c 和 d 所对应的温度分别为 Ar_3 和 Ar_1。

钢的 A_1 和 A_3 点的温度与钢的成分有关，特别是合金元素对 A_1 和 A_3 点温度有明显影响。合金元素对转变温度的影响分两种情况：一是缩小 γ 区的元素，如 Cr、Si、W、Mo 等，使 A_1 点温度升高；二是扩大 γ 区的元素，如 Mn、Ni 等，使 A_1 点温度下降。通常，由于加热或冷却速度的影响，钢的组织转变温度都有

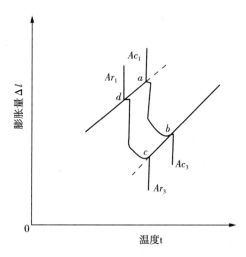

图 17-1 亚共析中碳钢膨胀曲线示意图

一定的滞后现象，加热时的转变温度偏高，冷却时转变温度偏低。在测定加热或冷却转变温度时，一般要限定加热速度，对于碳钢，加热速度应不大于200℃/h，而合金钢则不大于120℃/h。有关资料中所给出的临界转变温度，都是在一定加热速度下通过实验测定的结果。

三、简易膨胀仪的结构及其测量方法

膨胀仪有立式和卧式两种类型，但都是由加热系统和测量系统以及仪器支架所组成，见图17-2、图17-3。加热系统保证炉内温度分布均匀，而且温度指示准确；升温速度由可调变压器8控制；测量系统要准确反映试样的膨胀量。试样7装在石英管5中（图17-2），通过石英杆6将膨胀量传递给千分表3，千分表由支架4固定于加热炉1的炉体上，2为测温毫伏表。

用千分表测量膨胀量时，它所指示的读数 ΔL 由以下几个部分组成，即

$$\Delta L = \Delta L_S - \Delta L_N - \Delta L_B \pm K_r \qquad (17-1)$$

式（17-1）中，ΔL_S 为试样的膨胀量；ΔL_N 与试样等长石英管的膨胀量；ΔL_B 为支架的膨胀量，K_r 为各温度下石英杆与石英管膨胀量的差值，可通过校正得到。

从上式不难看到，膨胀量的测量是否准确，与石英杆和石英管的膨胀特性有关，ΔL_N 越小，则 ΔL 越接近 ΔL_S，则应尽量减小 ΔL_N。测量温度在 1000℃ 以下时，石英的膨胀系数很小。并且热稳定性也很好，还易于制造，成本低廉，是理想的制造顶杆和载管的材料，在膨胀仪的测量系统中应用广泛。由于在加热和冷

却过程中，顶杆和载管的膨胀量不一致，不能相互补偿，也给测量带来误差，这部分误差原则上是可以通过校正值 K_r 来进行修正的。但是，如果由于仪器的测量系统在装配时接触不好或者试样、顶杆与千分表不同轴，以及温度分布没有规律等原因而产生偏差，则难以修正。为了能方便地安装试样与测量温度，一般可将石英管放置试样的部分侧面开口，见图 17-4。

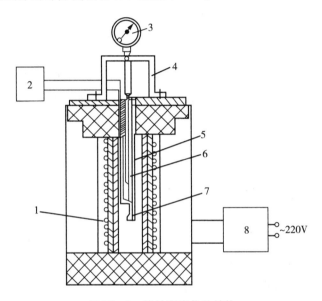

图 17-2　简易膨胀仪的结构

图 17-3　卧式膨胀仪

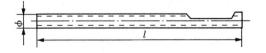

图 17-4　石英管

用膨胀仪测量金属及合金的膨胀系数时，需要考虑上述各种因素的影响，以提高测量精度。用简易膨胀仪测量钢的组织转变温度时，由于试样的膨胀是由温度引起的膨胀量 ΔL 和由组织转变引起的膨胀量 ΔL_c 两部分叠加而成，ΔL 随加热温度的升高呈单调平滑地增大，ΔL_c 组织转变效应则导致膨胀曲线发生拐折。显然，试样的成分、组织和温度越均匀，拐折就越明显，拐折点就越容易准确确定。转变温度是否能准确测定，除和拐折点的准确性有关外，还与试样温度指示的正确性有关。因此，测温热电偶要尽可能靠近试样或嵌入试样中，以准确跟踪试样的温度。

安装试样时或在测量过程中，必须注意使试样、石英杆和千分表紧密地接触，特别是试样处于收缩状态时，只有测量系统处于良好的工作状态，才能保证测量结果具有较好的重复性。简易膨胀仪所用的试样是直径 3～5mm、长度 30～50mm 的圆棒，或者（4～6）×（4～6）×（50±0.1）（mm）长方体。为了防止高温测量时试样表面氧化，可在真空环境测量。

四、实验设备及材料

（1）PCY-Ⅲ-1100 型热膨胀仪 1 台；

（2）计算机 1 台；

（3）真空泵 1 台，冷却水路；

（4）直径 3～5mm、长 50mm 的 45 钢试样 2 支；

（5）活扳手及螺丝刀各 1 把。

五、实验操作和步骤

（1）将试样安装于石英管内，使试样石英杆之间紧密接触，并处于同一轴线上，然后移入加热炉的均温区中。

（2）打开真空泵和冷却水，在计算机上设定加热速度和加热温度。开启加热电源和测试按钮。

（3）拷贝实验数据交指导教师检查。

六、实验报告

（1）简述膨胀法测定材料热膨胀系数的方法和原理。

（2）根据实验所得数据用 Origin 软件画出 45 钢热膨胀系数和热膨胀百分率随温度变化的曲线图，并作简要分析。

（3）将所测结果和资料给出的数据进行对比，并参照其他组测量结果，分析合金元素对转变温度的影响。

第四章　粉体制备和性能实验

实验十八　粉末压制成形及烧结

（一）粉末压制成形部分

一、实验目的与意义

（1）了解一般压制过程。

（2）了解粉末成形混合料的制备原理和方法。

（3）了解模压成形时压坯密度沿高度分布不均匀性和压制方式对坯密度分布的影响。

（4）研究压制时单位压制压力对压坯密度的影响。

二、基本原理

模压过程中施加于粉末体上的压力主要消耗于使粉末体变形与致密的净压力，和用于克服粉末与模壁之间摩擦的外摩擦力。压制过程中，粉末颗粒在压制压力的作用下沿压制方向产生移动，由于侧压力的存在，运动的粉末颗粒与压模壁之间必然产生摩擦，摩擦力的方向与压制压力方向相反，阻碍粉末颗粒移动，从而消耗一部分压制压力，通常称之为"摩擦压力损失"，使压制压力沿压坯高度下降，同时，不仅粉末与模壁之间产生摩擦，而且粉末与上、下模冲接触处也同样产生摩擦，从而造成压坯密度沿水平方向分布也不均匀。由于粉末体在压制过程遵循质量不变条件，同时产生致密和变形，并且具有弹塑性变形和粉末介质的非连续性特点，以及粉末性能悬殊和加载类型的多样化，故使得粉末压制成为一个十分复杂的过程。近年来冷、热等静压、粉末锻造、注射成形、粉末轧制、挤压和三轴向压制等新的成形方法得到了迅速的发展，其中三轴向压制的出现为进一步提高压坯密度和强度提供了条件，特别是三轴向压制时，由于剪切应力的作用，使得它与等静压制、模压相比，不仅压坯密度显著提高，而且大大改善了压坯径向和轴向密度分布的均匀性。

影响压坯密度分布不均匀的因素较多。但最主要的因素是粉末颗粒与模壁及上、下模冲之间的摩擦作用。采用不同的压制方式对压坯密度分布的均匀性影响较大，在其他条件相同的情况下，双向压制和非同时双向压制所得压坯密度分布比单向压制时均匀得多。因为此时沿压坯高度的压降大大减小。生产中应尽量避免压坯密度分布的不均匀性，压坯密度分布不均易造成压制废品以致烧结废品。为改善压坯密度分布不均匀性，可采取如下措施，改善粉末性能，加入适量润滑剂，改进压件结构设计，采取用不同压制方式，提高模具硬度和光洁度等。

粉末压制过程中，压坯密度与压制压力之间有定量关系，提出了各种压制理论公式和经验公式，但这些公式由于某些原因都有一定的局限性，其中比较好的压制方程有：

（1）M. 巴尔申压制方程：

$$\lg P = \lg P_{max} - L\ (\beta - 1) \tag{18-1}$$

式（18-1）中：P——单位压制压力；P_{max}——压坯达到 100% 密度时所需单位压制压力；β——压坯的相对体积；L——压制因素。

（2）L. F. 恩伊- L. 沙皮洛- K. 科诺皮斯凯压制方程：

$$\ln \frac{1-D}{1-D_0} = -KP \tag{18-2}$$

式（18-2）中，$D = \dfrac{d_{压}}{d_m}$ 为压坯相对密度；$D_0 = \dfrac{d_0}{d_m}$ 为压坯初始相对密度；K 为系数。$d_{压}$——压坯密度；d_m——致密材料密度；d_0——压坯初始密度（粉末原始密度）。

（3）川北公夫压制方程

$$\frac{1}{C} = \frac{1}{ab}\frac{1}{P} + \frac{1}{a} \tag{18-3}$$

式（18-3）中，$C = \dfrac{V_0 - V}{V_0} = 1 - \dfrac{d_0}{d}$ 为体积压缩比；d_0——粉末松装密度；d——压坯密度；V_0——粉末松装体积；V——压坯体积；a，b——常数。

（4）黄培云压制方程

$$m \lg \ln \frac{(d_m - d_0)}{(d_m - d)} \frac{d}{d_0} = \lg P - \lg M \qquad (18-4)$$

式（18-4）中，P——单位压制压力；M——压制模量；d_0——压坯的初始密度（粉末原始密度）；d_m——致密材料密度；d——压坯密度；m——硬化指数。

从以上四个方程可以看出，单位压制压力的某一函数与压坯密度的某一函数变化呈线性关系，因此本实验用铁粉和铜粉对上述四个压制公式进行验证。

三、实验设备与材料

（1）24 吨手动压机（油缸直径 87mm）1 台；

（2）直径 16mm 的圆形模具 1 套；

（3）硬脂酸锌 5g；

（4）还原铁粉（－100 目）500g；

（5）硫酸纸若干；

（6）工业天平 1 台（200g，精度 0.1g）；

（7）千分尺、游标卡尺各 1 个；

（8）装料烧杯 2 个；

（9）研钵 1 套；

（10）压力机、圆筒型混料各 1 台；

（11）瓷盘 1 个；

（12）牛角勺 1 个；

（13）毛刷 2 个。

四、实验内容及步骤

（1）铁粉或铜粉加 0.5％的油酸或硬脂酸锌用研钵或在混料机上混合均匀。

（2）材料装模：每次称 25g 粉，分成五等份（即每份 5g，装模时每份之间用硫酸纸隔开）。

（3）压制：采用单位压制压力 3T/cm²、4T/cm²、5T/cm²。

单向压制时，由上模冲加压，下模冲固定。非同时双向压制时，按单向压制第一次加压后，将阴模倒转，进行第二次单向压制，两次应达到所规定的相同单位压制压力。

（4）压坯测量：脱模后将压坯沿隔开处分开，作出记号（自上而下顺序分别记为 1，2，3 号），并分别测量其平均高度和直径，称其重量，计算各部压坯的平均密度。

（5）按表 18-1 填写并且计算压坯各种数据。

表 18-1　沿压坯高度的密度分布

压制方式	压坯号数	压坯高径比 h/d	离上冲头距离 H（mm）	压坯重量（g）	压坯体积（cm³）	压坯密度 g/cm³	压坯孔隙度（%）
单向压制	1						
	2						
	3						
	4						
	5						

五、实验报告要求

（1）简述粉末模压基本原理。

（2）按表格记录实验数据和计算结果并且计算不同压力下粉末压坯的密度及孔隙度。

（3）分析影响压坯密度分布不均匀的因素有哪些？

（二）烧结实验

一、实验目的

（1）了解一般烧结过程。
（2）熟悉单元系烧结和多元系液相烧结的基本原理。
（3）熟悉粉末冶金烧结炉的基本结构和控温原理。
（4）烧结温度对烧结体性能的影响。

二、基本原理

烧结是一种热处理，烧结过程是一个极其复杂的过程，粉末压坯通过烧结，其物理机械性能和尺寸大小将发生变化，它使得粉末压坯强化，同时一般也使粉末体致密化。根据烧结过程中有无液相产生而将烧结分为固相烧结和液相烧结两大类。烧结过程中发生许多变化，最主要的变化有：

（1）制品烧结后，一般尺寸收缩，密度增加。

（2）制品烧结后，强度显著增加。

烧结过程所发生的变化同时还包括烧结预备阶段所发生的许多现象，以及合金化、晶粒长大等。固相烧结分为三个阶段：黏结阶段、烧结颈长大阶段、空隙球化和缩小阶段。液相烧结也分为三个阶段：液相的生成与颗粒的重排阶段、固相的溶解和析出阶段、固相烧结阶段。

研究烧结过程通常是从最简单的单元系开始的，研究单元系烧结规律，不但对于建立烧结过程的理论基础，而且对于生产这些单组元成分材料的工艺过程都具有很大意义。

为使粉末压坯通过烧结而获得所要求的性能，应合理选择烧结工艺参数，每一种金属粉末的烧结参数是各不相同的。烧结过程的参数包括烧结反应类型、物质迁移机构、烧结温度、烧结时间、烧结气氛、加热及冷却速度、活化烧结的添加剂等。影响烧结工艺的可能因素很多，诸如与温度有关的材料性能（自由表面的能量、扩散系数等），粉末性能、预烧结条件和烧结条件，外来成分等。

对多元系，在固相烧结条件下，要制取高密度制品是比较困难的。为了制取多元系的高密度制品，普遍采用在物料中加入易熔组元的工艺方法，以便在烧结时生成液相，在大多数情况下，液相的生成会使烧结活化，并保证制品孔隙很少，这种制品一般具有优良的性能，在粉末冶金制品中，能形成液相的系统有：$Fe-Cu$、$Fe-P$、$Cu-Pb$、$Cu-Bi$、$Cu-Ca$、$W-Cu$、$W-Ag$、$Mo-Cu$、$Mo-Ag$、$WC-Co$ 等。

液态金属浸润固体表面的热力学条件是：当固-气、液-气界面转变为固-液界面时，系统自由能降低，即润湿角 θ 从 $0°\sim90°$ 为清润湿范围，θ 角愈小，润湿效果愈好。液相烧结时，激烈的致密化过程是从形成液相时开始的，即液相的形成通常会伴随有激烈的收缩，提高收缩的作用，除了同组元的物理-化学性质有关外，还决定于液相的数量，固、液相之间的润湿性，成分之间的可溶性，固体颗粒尺寸和形状，压坯孔隙度等。增加易熔组元的数量，可以促进收缩，但在组元存在一定溶解度时，异扩散过程会使液相烧结时密度变化复杂化，如 $Fe-Cu$ 系，浓度—收缩曲线的行程并不是单调的关系。当 Cu 含量达到 $8\%\sim9\%$ 时，即达到 Cu 在 Fe 中的极限饱和量时，收缩就降低，此时或者很少有液相形成，或者由于形成固溶体而完全没有液相。但从铜含量大于 $8\%\sim9\%$ 开始由于形成液相，收缩又随着铜含量的增加而增加。

液相烧结时系统的收缩过程分为几个阶段，第一阶段是生成液相的阶段，如果难熔组元的颗粒同彼此没有联系，则在液相的毛细管力的作用下，颗粒重新分布，使其排列得更加致密，并相应地提高了压坯密度。收缩的第二阶段取决于通过液相的重结晶过程，这阶段的特点是细小的颗粒和固体颗粒表面凸起的部分在液相中溶解，并在粗颗粒的表面上析出。液相烧结的第三个阶段是形成刚性骨架，在收缩动力学曲线上进入水平线位置（收缩停止），标志着刚性骨架的形成。

本实验首先对电解铜粉和铁粉压坯在不同烧结温度下进行固相烧结，研究烧结温度对烧结体性能的影响。然后研究 Fe–Cu 系或 W–Cu 系液相烧结的致密化情况。

烧结的三个过程见图 18–1：低温预烧阶段、中温升温烧结阶段、高温保温完成烧结阶段。烧结工艺的要点：低温保温，高温烧结。

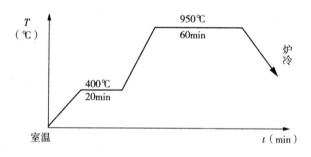

图 18–1 烧结的温度-时间曲线

三、实验设备及材料

（1）电解 Cu 粉、Fe 粉、W 粉、WC 粉、Co 粉等；

（2）油酸或硬脂酸锌、石蜡、酒精；

（3）工业天平；

（4）研钵；

（5）压模；

（6）游标卡尺；

（7）千分尺；

（8）混料机、粉末成形压机；

（9）分析天平；

（10）H_2、N_2；

（11）合肥科晶 GSL–1200 高温管式炉见图 18–2；

（12）烧舟；

图 18–2 保护气氛烧结炉

（13）光学高温计。

四、实验内容及步骤

（一）单元系烧结部分

以压制成型的电解铜粉或铁粉，分别在不同温度下烧结，测量其烧结体密度变化及收缩率。

（1）计算压制六个压坯所需混合料的重量、称料、混合均匀。

（2）以 $0.5 \sim 1.5 \mathrm{T/cm^2}$ 单位压制压力进行压制，压坯编号；测量压坯高度、直径、重量。

（3）装舟：样品集中装在中部，以减少烧结时温度不均匀所引起的温差。

（4）检查烧结炉电路、气路是否正常，烧结炉升温，并按照要求工艺制度推舟，待润滑剂全部挥发后再推入高温区。

（5）采用不同烧结温度分别为 800℃、880℃、960℃（对 Cu 粉），950℃、1030℃、1110℃（对 Fe 粉）各保温 1 小时。

（6）保温后推入冷却区，冷却后取出样品。

（7）测量烧结坯尺寸、重量，按表 18-2 计算各数据，并绘制烧结体密度及收缩率与烧结温度的关系曲线。

表 18-2 单元系烧结实验结果表

测试项目	烧结温度		
	800℃（950℃）	880℃（1030℃）	960℃（1110℃）
压坯高度（mm）			
压坯直径（mm）			
烧结坯高度（mm）			
烧结坯直径（mm）			
烧结坯体积（cm³）			
烧结坯重量（g）			
烧结坯密度（g/cm³）			
相对密度（％）			
高度收缩（％）			
径向收缩（％）			

（二）多元系液相烧结部分

以不同 Fe-Cu 比（2％Cu、9％Cu、20％Cu）的混合料在相同压制压力下成形，并在同样烧结条件下烧结，测量烧结体线尺寸的变化。学生也可以用不同 W-Cu 比（10％Cu、20％Cu、30％Cu）或 WC-Co 比（4％Co、8％Co、12％Co）

的混合料进行研究。实验步骤如下：

（1）计算压制不同配比的压坯所需各组元的重量、称料、混合均匀。

（2）以 1T/cm² 单位压制压力进行压制，压坯编号，测量压坯高度和直径。

（3）装舟，检查烧结炉供氢系统及电气部分是否正常。

（4）烧结炉升温前先通氢气并作爆鸣试验。

（5）按要求工艺制度推舟，待润湿剂全部挥发后再推入高温区。

（7）烧结温度：Fe-Cu 系 1120℃，W-Cu 系 1250℃，WC-Co 系 1420℃，保温 1 小时。

（8）保温后推入冷却区。

（9）测量烧结坯高度和直径，按表 18-3 记录实验数据并计算结果。

（10）根据实验结果撰写实验报告。

表 18-3　多元系液相烧结结果表

合金成分	压坯高度 mm	压坯直径 mm	烧结坯高度 mm	烧结坯直径 mm	纵间收缩率 %	径间收缩率 %

五、注意事项

（1）使用氢气作保护气氛注意安全。

（2）严格控制推舟速度，防止润滑剂急剧挥发而造成样品开裂。

（3）样品进入高温区后开始计算保温时间，保持温度恒定。

六、实验报告要求

（1）简述烧结的三个过程和实验注意事项。

（2）填写实验记录表并计算实验结果。

（3）绘制烧结体相对密度及收缩率与烧结温度的关系曲线。

（4）用烧结理论分析实验结果。

实验十九　粉体粒度及粉体冶金材料物理、力学性能的综合测试

（一）粉体粒度测试

粉体粒度是指颗粒的大小。对于粉体而言，粒度是指颗粒的平均大小。粉体颗粒大小与生产工艺条件有关。

在实际生产中，不仅要测定粉末体平均粒度的大小，更重要的是测定大小不同的颗粒的含量（简称粒度分布）。

粒度分布通常是指某一粒径或某一粒径范围的颗粒在整个粉体中占多大的比例。它可用简单的表格、绘图和函数形式表示颗粒群粒径的分布状态。颗粒的粒度、颗粒分布及形状能显著影响粉末及其产品的性质和用途。例如：水泥的凝结时间、强度与其细度有关；陶瓷原料和坯釉料的粒度及粒度分布影响着许多工艺性能和理化性能；磨料的粒度及粒度分布决定其质量等级；粉末粒度分布对成形、烧结有一定的影响等。为了掌握生产线的工作情况和产品是否合格，在生产过程中必须按时取样并对产品进行粒度分布的检验。粉碎和分级也需要测量粒度。

粒度测量方法有多种：有筛分法、沉降分析法、气体透过法、X光小角度散射法（测试超细粉末 20～500Å）、激光衍射法（1～200μm）、显微镜观察法（光学、电子显微镜）测粉末粒度。

本实验的目的是让学生了解和掌握各种粒度的测量技术，学生根据所学理论知识，设计选择不同种类粉体的粒度测量方法，分析不同测试结果与各种粒度测量原理的关系。主要开展激光粒度仪的测试实验。

1.　筛分析法

一、目的意义

筛分析法是最简单的也是用得最早和应用最广泛的粒度测定方法，利用筛析法不仅可以测定粒度分布，而且通过绘制累积粒度特性曲线，还可得到累积产率 50% 时的平均粒度。

本实验的目的：

① 了解筛分析法测粉体粒度分布的原理和方法；

② 根据筛分数据绘制粒度累积分布曲线和频率分布曲线。

二、原理

筛分析法是按照筛孔尺寸由大到小组合的一套筛子，借用振动把粉末分成若干等级，称量各级粉末的质量，即可计算质量分数表示的粉末粒度组成。实际操作时，按被测试样的粒径大小及分布范围，一般选用 5 到 6 个大小不同筛孔的筛子叠放在一起。筛孔较大的放在上面，筛孔较小的放在下面。最上层筛子的顶部有盖，以防止筛分过程中试样粉末的飞扬和损失，最下层筛子的底部有一容器，用于收集最后通过的细粉。被测粉体由最上面的一个筛子加入，依次通过各个筛子后即可按粒径大小被分成若干个部分。按操作方法经规定的筛分时间后，小心地取下各个筛子，仔细地称重并记录下各个筛子上的筛余量（未通过的物料量），即可求得被测试样以重量计的颗粒粒径分布（频率分布和累积分布）。筛分析法主要用于粒径较大的颗粒的测量。一般适用 $20\mu m \sim 100mm$ 的粒度分布测量。

筛分析法有干法与湿法两种，测定粒度分布时，一般用干法筛分；湿法可避免很细的颗粒附着在筛孔上面堵塞筛孔。若试样含水较多，特别是颗粒较细的物料，若允许与水混合，颗粒凝聚性较强时最好使用湿法。此外，湿法不受物料温度和大气湿度的影响，还可以改善操作条件，精度比干法筛分高。所以，湿法与干法均被列为国家标准方法，用于测定水泥及生料的细度等。

筛分析法除了常用的手筛分、机械筛分、湿法筛分外，还用空气喷射筛分、声筛法、淘筛法和自组筛等，其筛析结果往往采用频率分布和累积分布来表示颗粒的粒度分布。频率分布表示各个粒径相对应的颗粒百分含量（微分型）；累积分布表示小于（或大于）某粒径的颗粒占全部颗粒的百分含量与该粒径的关系（积分型）。用表格或图形来直观表示颗粒粒径的频率分布和累积分布。

筛分析法使用的设备简单，操作方便，但筛分结果受颗粒形状的影响较大，粒度分布的粒级较粗，测试下限超过 $38\mu m$ 时，筛分时间长也容易堵塞。

三、标准筛系列

每一个国家都有自己的标准筛系列，它由一组不同规格的筛子所组成。系列标准中，除筛子直径（有 400mm，300mm，200mm，150mm，75mm 等多种，以 200mm 使用最多）及深度（有 60mm，45mm 及 25mm，以 45mm 最普遍）外，最主要的是筛孔尺寸。筛孔大小有不同的表示方法。例如，在编织筛的方形孔情况下，美国 Tyler（泰勒）系列中以目（mesh）来表示筛孔的大小。筛网的孔径和粉末的粒度通常以毫米或微米表示，也有以网目数（简称目）表示的。所谓目是筛网 1 英寸（即 25.4mm）长度上的网孔数。筛孔的目数越大，筛孔越细，反之亦然。200 目的 Tyler 筛，每英寸共有 200 根编织丝，丝的直径为 0.053mm（53μm），因此，筛孔的尺寸（孔宽）为 0.075mm（75μm）：

$$200 \times (0.053 + 0.075) = 25.6 \text{（mm）} \tag{19-1}$$

美国 Tyler 标准系列筛以 200 目为基准，其他筛子的筛孔尺寸以 $\sqrt[4]{2}$ 为等比系数增减。例如，与 200 目相邻的 170 目和 250 目筛子的筛孔尺寸分别为 $75 \times \sqrt[4]{2} \approx 88\mu$m 和 $75/\sqrt[4]{2} \approx 61\mu$m，依此类推。

ISO（国际标准化组织）编织筛系列与美国 Tyler 系列基本相同，但不是采用目，而是直接标出筛子的筛孔尺寸，且以 $\sqrt[4]{2}$ 为等比系数递增或递减其他各个筛子的筛孔宽度。为此，ISO 标准系列中的筛子数比 Tyler 系列的要少，相邻两筛孔的筛孔尺寸间隔也较大。ISO 系列中，最细的筛孔尺寸为 45μm，而 Tyler 系列为 38μm，表 19-1 给出了 ISO 和美国 Tyler 系列标准筛。英国、德国、法国、日本、苏联等也都有自己的标准系列筛号，其中法国 AFNOR 标准系列的筛孔尺寸采用了 $\sqrt[10]{10}$ 的等比系数。我国使用的标准筛与国际标准筛基本相同，国际标准筛基本上沿用泰勒筛。我国干筛分法标准规定筛子的直径为 200mm，深度为 50mm，由黄铜或青铜筛布制成。一套筛子能紧密地套在一起。上部加盖，下部加底盘。

表 19-1　ISO 标准筛系列与 Tyler 系列

目	Tyler 系列 筛孔尺寸/mm	ISO 系列 筛孔尺寸/mm	目	Tyler 系列 筛孔尺寸/mm	ISO 系列 筛孔尺寸/mm
5	3.962	4.00	42	0.351	0.355
5	3.327	—	48	0.295	—
7	2.794	2.80	60	0.246	0.250
8	2.362	—	65	0.280	—
9	1.981	2.00	80	0.175	0.180
10	1.651	—	100	0.147	—
12	1.397	1.40	115	0.124	0.125
14	1.168	—	150	0.104	—
16	0.991	1.00	170	0.088	0.090
20	0.883	—	200	0.075	—

（续表）

Tyler 系列		ISO 系列	Tyler 系列		ISO 系列
24	0.701	0.710	250	0.061	0.063
28	0.589	—	270	0.053	—
32	0.495	0.500	325	0.043	0.045
35	0.471	—	400	0.038	—

四、实验器材

（1）标准筛一套［图 19 - 1 (a)］。

（2）振筛机一台［图 19 - 1 (b)］。

（3）托盘天平一架。

（4）搪瓷盘 2 个。

（5）脸盆 2 个。

（6）烘箱一个。

五、试样的准备

通常金属粉末按常态进行试验，无润滑。在某些情况下，粉末可以进行干燥。但是，如果粉末容易氧化，干燥应在真空或惰性气氛下进行。

（a）　　　　（b）

图 19 - 1　标准筛及振筛机

当金属粉末松装密度大于 $1.5g/cm^3$ 时，称取样品 100g；当松装密度等于或小于 $1.5g/cm^3$ 时，称取样品 50g。

六、实验步骤

（1）将选好的一套筛子，依筛孔尺寸大小从上到下套在一起，底盘放在最下部，试样放在顶部的最大孔径的筛子，然后装上盖子。

（2）将整套试验筛牢固地装在振筛机上，借助振筛机的振动，把粉末筛分成不同的筛分粒级。采用偏心振动式振筛机，转速为 270～300r/min，振击次数为 140～160 次/分钟。

（3）筛分过程可以进行到筛分终点，也可以进行到供需双方商定的时间。对于一般粉末,筛分时间规定为 15min。难筛的粉末,筛分时间可适当延长。

筛分进行到每分钟通过最大组分筛面上的筛分量小于样品量的 0.1% 时,取为筛分终点。

(4)筛分后,称量每个筛面和底盘上的粉末量,称量精确到 0.1g。

每个筛面上的粉末量按如下方法收集:

从一套筛子上取出一个筛子,把它里面的粉末倾斜到一边,倒在光滑的纸(如描图纸)上,再把附在筛网和筛框底部的粉末,用软毛刷刷到相邻的下一个筛子中,然后把筛子反扣在光滑纸上,轻轻地敲打筛框,清出筛子中所有的粉末。

(5)每次筛分测定的所有筛子和底盘上的粉末量总和应不小于试样的 98%,否则须重新测定。

(6)当筛子用过数次后,发现筛孔堵塞严重时,应及时用超声波清洗。一般情况下,筛子用过 10 次后,就应该进行清洗。

七、实验报告

1. 填写数据记录表

表 19 - 2 筛分析结果记录表

试样名称:_____   试样质量:_____ g

测试日期:_____   筛分时间:_____ min

标准筛		筛上物质量 /g	分级质量百分率 /%	筛上累积百分率 /%	筛下累积百分率 /%
筛目	筛孔尺寸/mm				
共 计					

2. 计算实验误差,绘制粉体粒度频率分布方框图

（1）实验误差$=\dfrac{\text{试样质量}-\text{筛分总质量}}{\text{试样质量}}\times100\%$。

（2）根据实验结果记录，绘制粉体粒度的频率分布方框图。

3. 分析影响筛分粉体颗粒大小的因素

从筛分的持续时间、筛孔的偏差、筛子的磨损、观察和实验误差、取样误差、不同筛子和不同操作等方面分析。

4. 粉体的均匀度是表示粒度分布的参数，可由筛分结果按下式计算：

$$\text{均匀度}=\dfrac{60\%\text{粉体通过的粒径}}{10\%\text{粉体通过的粒径}}$$

试求所测粉体的均匀度为多少？

2. 沉降法

一、目的及意义

沉降法粉末取样较多，代表性好，使结果的统计性和再现性提高，由于可选择不同的装置，能适应较宽的粒度范围（50～0.01μm），加上应用计算机控制整个测试过程，具有界面友好、操作方便、测试快速准确等优点，不仅能测定粒度的大小，还能测粒度分布，是粉体研究、生产、应用领域的理想的测量粒度的方法之一。

本实验的目的：

（1）掌握 BT-1500 型离心沉降式粒度分布仪测量粉末粒度的原理及方法。

（2）掌握 BT-3000A 型离心沉降式粒度分布仪测量粉末粒度的原理及方法。

二、基本原理

在静止液体中，由于粉末颗粒自身的质量在重力作用下，克服介质的阻力和浮力自由降落，在层流条件下，自由降落速度与球形颗粒直径的平方成正比，可用斯托克斯公式，根据自由降落速度，可求得颗粒直径 d，经实测可得到试样的粒度分布。根据 stokes 定律和仪器的要求，在测试前应先将待测样品置于某种液体中制成一定浓度的悬浮液，经过适当的分散处理后取适量悬浮液到样品池中测试。在测试过程中，颗粒在重力（或离心力）的作用下沉降。stokes 定律告诉我们，颗粒的沉降速度与其粒径的平方成正比，即粒径大的沉降速度快，粒径小的沉降速度慢。这样在测试过程中悬浮液的浓度逐渐发生变化，透过悬浮液的光逐渐增强，如图 19-2 所示。

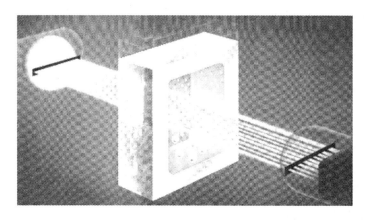

图 19 - 2　颗粒沉降及消光状态示意图

1. 力沉降原理

在悬浮液中，悬浮在介质中的颗粒同时受到重力、浮力以及黏滞阻力的作用，其运动方程（stokes 方程）如下：

$$V = (\rho_s - \rho_f) \, gD^2 / (18\eta) \qquad (19-2)$$

其中，D 为粉末颗粒粒径；ρ_s 为样品密度；ρ_f 为介质密度；g 为重力加速；η 为沉降介质黏度；V 为颗粒的沉降速度。

2. 离心沉降原理

为加快细颗粒的沉降速度，缩短测试时间，BT - 1500 采用离心沉降的手段来加快细颗粒的沉降速度。离心沉降时颗粒的运动方程如下：

$$V_c = (\rho_s - \rho_f) \, D^2 \omega^2 R / (18\eta) \qquad (19-3)$$

其中，V_c 为颗粒在离心状态下的沉降速度；ω 为离心机转速；R 为颗粒到轴心的距离。

3. 光透法原理

如图 19 - 3，一束光强为 I_0 的平行光，透过悬浮液后，其光强将因颗粒的遮挡、吸收等作用而衰减为 I_i，这时 I_0 与 I_i 的关系如下：

$$\lg I_i = \lg(I_0) - k \int n_D D^2 \, dD \qquad (19-4)$$

其中，k 为仪器常数；n_D 为光路中存在的粒径为 $D \sim D + dD$ 的颗粒数；I_0 为入射光强；I_i 为透过悬浮液的光强。

4. 离心力场中稀释效应的修正

在离心力场中，颗粒的运动轨迹是沿圆盘半径方向呈发散运动的。从图 19 -

3 中可以看出，随着离心沉降的进行，悬浮液中的颗粒间的距离逐渐增大，也就是说在离心沉降过程中检测点处的浓度要比重力沉降时低，致使测定结果出现偏差。BT－1500 对此进行了补偿，从而保证了测定结果的准确性。

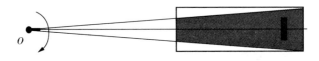

图 19－3　离心沉降径向稀释效应示意图

三、实验器材

(1) 超声波分散器；

(2) 烧杯、量筒、洗瓶；

(3) 分散剂、蒸馏水、甘油、无水乙醇等。

四、测试方法

1. 仪器及用品准备

仪器：BT－1500 离心沉降粒度仪

(1) 选取两个样品池，并将其彻底清洗干净。

(2) 向超声波分散器槽中加水（加水至槽深 1/3 左右）。

(3) 准备好其他物品，如纸巾、烧杯（100～150mL）四个；量筒（100～200mL）二个；洗瓶四个；分散剂一瓶（如焦磷酸钠）以及蒸馏水、甘油、无水乙醇等。

2. 试样准备

从大堆粉体中取实验室样品有两点基本要求：(1) 尽量从粉体包装之前的料流中多点取样；(2) 在容器中取样，应使用取样器，选择多点并在每点的不同深度取样。

取样：由于是通过对少量样品进行粒度分布测定来表征大量粉体粒度分布状态的。因此，要求取样具有充分的代表性。取样一般分三个步骤：大量粉体（10^n千克）→实验室样品（10^n克）→测试样品（悬浮液）。

3. 实验室样品的缩分

勺取法：用小勺多点（至少四点）取样。勺取时应将进入小勺中的样品全部留用，不得抖出一部分，保留一部分。

圆锥四分法：将试样混合均匀后堆成圆锥体，用薄板将其垂直切成相等的四份，将对角的两部分再混匀堆成圆锥体，再按上法缩分成相等的四份，如此反复，直到其中一份的量符合需要（一般每份 1 克左右）为止。

分样器法：将实验室样品全部倒入分样器中，经过分样器均分后取出其中一份，如这一份量还多，应再倒入分样器中缩分，直到其中一份（或几份）的量满足要求为止。

4. 配制悬浮液

（1）沉降介质：用作沉降介质的液体一般要求有四点，一是不与样品发生物理反应或化学反应；二是对样品的表面具有良好的润湿作用；三是纯净无杂质；四是使颗粒具有适当的沉降状态。可选作沉降介质的液体很多，最常用的有蒸馏水，蒸馏水＋甘油、乙醇、乙醇＋甘油等。一般情况下，最大颗粒不大于 $45\mu m$ 且比重小于 3 的样品，可直接选择蒸馏水、乙醇等液体做沉降介质。样品粒度较粗或密度较大的可在蒸馏水或乙醇中加适量的甘油。其中的甘油为增黏剂，它能使较粗的颗粒具有适当的沉降速度，从而保证测试得以正常进行。

说明：①配制甘油溶液时，应先将水（或乙醇）倒入量具中，调整好体积，再往里慢慢倒甘油。②配制好的甘油溶液，应充分搅拌使其混合均匀，待气泡全部溢出（一般在充分搅拌后放置 24 小时或超声振动并搅拌 15 分钟）后才能使用。

（2）配制悬浮液：将加有分散剂的沉降介质（约 $50\sim80mL$）倒入烧杯中，然后加入缩分得到的实验样品，并进行充分搅拌，配制悬浮液时要控制好样品的浓度，通常是样品越细，所用的量越少；样品越粗，所用的量越多。悬浮液的浓度最终要满足仪器浓度测试时的范围要求。

说明：悬浮液的浓度太大或太小对测试都是不利的。浓度过大，颗粒间的相互作用加剧，从而影响正常的颗粒状态；浓度过小，试样的代表性差。这些都将对测试结果产生不利影响。

（3）分散剂：分散剂是指加入沉降介质中的少量的、能使沉降介质表面张力显著降低，从而使颗粒表面得到良好润湿作用的物质。常用的分散剂有焦磷酸钠、六偏磷酸钠等。分散剂的作用：一可以加快"团粒"的分解，使颗粒处于单个颗粒状态；二可阻止单个颗粒重新团聚成"团粒"。一般根据样品的不同来选用相应的分散剂。分散剂的用量为沉降介质重量的千分之二至千分之五。使用时可将分散剂按上述比例事先加到沉降介质中，待分散剂充分溶解后即可使用。

说明：用有机系列介质（如乙醇）时，一般不用加分散剂。因为多数有机溶剂本身具有分散剂作用。此外还因为一些有机溶剂不能溶解另一些用作分散剂的物质。

（4）分散：将装有配好的悬浮液的容器放到超声波分散器中，打开分散器的电源开关，即开始进行超声波分散处理，分散时间一般为 3～10min。表19-3列出不同种类和不同粒度的样品的分散时间。

表 19-3　不同样品的超声波分散时间

粒度 D50（um）	滑石高岭土石墨	碳酸钙锆英砂等	铝粉等金属粉	其　他
＞20			1～2min	1～2min
20～10	3～5min	2～3min	2～3min	2～3min
10～5	5～8min	2～3min	2～3min	2～3min
5～2	8～12min	3～5min	3～5min	3～8min
2～1	12～15min	5～7min	5～7min	8～12min
＜1	15～20min	7～10min		12～15min

注意：①在进行超声分散之前，应保证超声波分散器的槽中有占其容积三分之一的水；

② 随着超声分散时间的延长，悬浮液的温度将有所上升，所以结束后应做适当降温处理。方法是将盛悬浮液的容器放到盛有与室温温度相同的水中，并进行搅拌。

（5）检查分散效果的方法

① 显微镜法：将分散过的悬浮液充分搅拌均匀后取少量滴在显微镜载物片上，观察有无颗粒黏结现象。

② 测量法：分散并搅拌均匀后，取适量到样品池中，在仪器上测试浓度；经过一段分散时间后再测试浓度，如此反复直到相邻两次的浓度数据基本一致时，说明前一次的分散效果已经很好了；如果吸光度逐渐变小，说明随着分散时间的增加，分散效果才逐渐达到理想状态。

③ 目测法：取适量悬浮液到样品池中，对着亮处观察其中的颗粒形状及沉降状态。

（6）悬浮液取样：将分散好的悬浮液用搅拌器充分搅拌（搅拌时间一般大于30s），然后用专用注射器从悬浮液中抽取约 10mL 注入样品池中。抽取时应将专用注射器插到悬浮液的中部边移动边连续抽取，也可以采取多次抽取的方法。

5.BT-1500 测试步骤

（1）开机：开机顺序为交流稳压电源—粒度仪—打印机—显示器—计算机。待数秒钟后进入 windows98 系统，双击"粒度测试 BT-1500"图标，即进入BT-1500 型离心沉降式粒度分布测试系统。

（2）测试：单击"测试-开始测试"项，即进入"参数设定"界面。

① 参数设定

a. 样品编号；b. 样品密度；c. 测试下限；d. 测试上限；e. 介质温度；f. 介质名称。

② 选择测试方式

纯重力方式：一般适合重金属粉（如 Cu、Fe、Mo、W 等）或较粗的非金属粉，测定时间应小于半小时。

组合沉降方式：适合所有分布范围较宽的样品，是最常用的测试方法。一般地，当"1500 方式"的测试时间大于 40 秒时，就可以选择"重力＋1500"组合方式；当"1500 方式"的测试时间小于 40 秒时，就选择"重力＋750"组合方式。

纯离心沉降方式：适合较细粉体。当最大颗粒小于 $10\mu m$ 时，可选用纯离心沉降方式。一般地，当"1500 方式"沉降时间大于 40 秒时，可以选择"1500 方式"，当"1500 方式"的测试时间小于 40 秒时则选择"750 方式"。

离心时间为 0 或总时间大于 2 小时：当"750 方式""1500 方式"对应的时间为 0 时，只能选择纯重力方式；当某种测试方式的时间大于 2 小时时，就不能选择该测试方式。

③ 确定基准值

④ 测定浓度值

⑤ 测试过程

在测试过程中，颗粒的沉降状态以测试曲线的形式显示在屏幕中。随着测试时间的推移，样品槽中的悬浮液浓度逐渐降低，光透率逐渐增强，曲线也随之逐渐上升，直到测试结束。

系统把测试曲线坐标平面分为三个区，分别为初始区、过渡区、结束区。

初始区：初始区为测试开始时的曲线所在的区域。当样品的浓度值为 1000～3000 时，测试曲线必定在此区域内。

过渡区：过渡区是初始区和结束区之间的区域，为测试过程中测试曲线必须经过的区域。测试曲线在这段区域内通常呈快速上升趋势。如果测试结束时曲线高度尚在该区域中，说明设的"测试下限"大。需要重新设定合适的"测试下限"，然后重新进行测试。

结束区：结束区为灰色区域及其以上的部分，为测试结束时曲线高度应该达到的区域。如果测试曲线结束时的高度在结束区域，说明绝大部分颗粒已经通过检测点沉降到样品池的底部，说明该测试条件是合适的。如果测试曲线结束时的高度在结束区域下面，说明绝大部分颗粒未能通过检测点沉降到样品池的底部。造成这种现象的原因是样品较细而所设定的"测试下限"较大。

测试结束后，系统将根据测试曲线的上升状态自动判断最大颗粒通过检测点的时间，并将该时刻对应的横坐标确定为最大粒径位置。最大粒径位置是指测试曲线上开始时刻为起点的水平线段第一个折点附近对应的横坐标。通过最大粒径位置可以计算出该样品的最大粒径值。

⑥ 粒级分级

为了适应不同样品的测试需要，简化分级操作，本系统提供了固定间隔、任意间隔、等差间隔和等比间隔四种粒级设定模式。在"粒级设定"窗口，单击选定的粒级间隔按钮，就弹出相应的粒级输入对话框，再进一步确定粒级序列值。

⑦ 显示测试结果

设定好粒级后，系统计算并显示测试结果。单击"关闭"按钮，返回到程序主窗口。可以打印、保存测试结果、重新显示本次的测试结果等。单击"显示图形"按钮显示测试结果分布图。

横轴为粒径坐标，以对数坐标表示；纵轴为百分数坐标，以算数坐标表示。坐标中的直方图表示区间频率分布，曲线表示累计频率分布，并同时给出 D3、D6、D10、D16、D25、D50、D75、D84、D90、D97、D98 等参数，分别表示相应百分数下对应的粒径值。

表 19 - 4　不同样品的超声波分散时间

粒度 D50（μm）	滑石高岭土石墨	碳酸钙锆英砂等	铝粉等金属粉	其　他
5～2	5～8min	3～5min	3～5min	3～8min
2～1	8～10min	5～7min	5～7min	8～12min
＜1	10～12min	7～10min		12～15min

3. 激光衍射法测定粉末粒度

激光粒度仪是利用激光所特有的单色性、准直性及容易引起衍射现象的光学性质制造而成的，该法具有方便、迅速、结果重现性好的特点，适合测量 $1\sim200\mu m$ 范围的粒度及粒度组成。

一、目的意义

（1）了解激光法测量粉末粒度及粒度分布的原理及方法。

（2）学会使用马尔文 MS2000 激光粒度分析仪。

二、激光衍射法测量粒度的原理

（1）不同大小的粒子所衍射的光落在不同的位置，位置信息反映出颗粒的大小。

（2）同样大小的粒子所衍射的光落在相同的位置，叠加的光强度反映该尺寸颗粒所占的百分比多少。

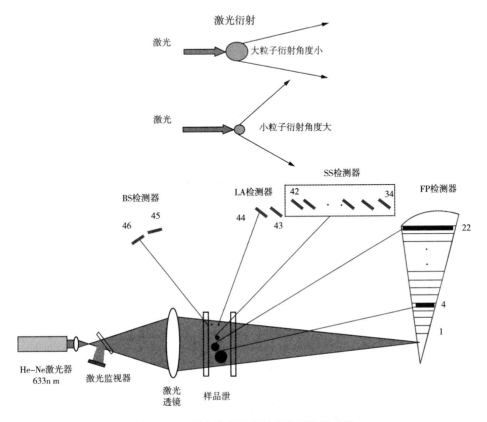

图 19-4　激光粒度仪衍射光路系统原理图

（3）实验仪器：英国马尔文公司 Mastersizer 2000。

（4）样品：SiC 粉，先把粉末分散制成悬浮液。

（5）实验报告

1）简述激光法测量粒度的原理；

2）分析影响激光法测量结果的因素有哪些。

（二）粉末的工艺性能——松装密度和流动性的测定

1. 基本概念

（1）松装密度（容积密度）：所谓粉末松装密度，是指在规定条件下装填容器时，单位容积内粉末的质量（g/cm³），是粉末自然堆积的密度。松装密度取决于许多因素，如空隙变化，与颗粒形状、大小级配及填充状态有关：

① 粒度和粒度组成：一般，粉末粒度愈粗，其松装密度愈大，反之其松装

密度愈小。

② 颗粒形状及表面状态：颗粒形状规则，其松装密度愈大，反之，其松装密度愈小。同时，颗粒表面愈光滑，松装密度也愈大。粉末经适当球磨和表面氧化物的生成，可使松装密度提高。

③ 粉末潮湿，松装密度增加。

④ 粉末颗粒愈致密，松装密度愈大。

粉末松装密度的测定已标准化，根据粉末的有关性质不同，而采用不同的测定装置和方法。测量方法：GB/T 1479—1984。

⑤ 金属粉末松装密度的测定方法：漏斗法

粉末从漏斗孔按一定高度自由落下充满圆柱杯，以单位体积粉末的质量表示粉末的松装密度。对于流动性好的粉末，松装密度的测定用漏斗法。

（2）流动性：50g 粉末从标准的流速漏斗流出所需的时间。测量方法：GB/T1482—1984 金属粉末流动性的测定标准漏斗法（霍尔流速计）。

这两种特性直接影响压制操作的自动装粉和压件密度的均匀性。

2. 实验仪器、材料

FL4 - 1 型流动性和松装密度测量装置，冶金工业部钢铁研究总院生产。

（1）装置

装置如图 19 - 5。主要包括：

① 漏斗：漏斗小孔直径有两种规格，一种是 2mm，一种是 5mm，漏斗用黄铜制造。

② 圆柱杯：用黄铜制造，其容积为 25cm³。

图 19 - 5　黄铜漏斗

③ 支架和底座：支架用于固定漏斗。底座用于安装支架和圆柱杯。

（2）材料：铁粉、石英砂、计时器

3. 实验过程

（1）调整装置：底座必须水平而且稳固，漏斗下面的流出孔应对正圆柱杯的中心，并距离圆柱杯上端的高度 25mm。

（2）堵住漏斗小孔，将干燥的粉末试样仔细倒入漏斗。

（3）启开漏斗小孔，让粉末流入圆柱杯中，直至粉末充满并溢出圆柱杯为止。用钢尺刮平粉末，在操作过程中，严禁压缩粉末和振动圆柱杯。

（4）如果粉末不能流过小孔漏斗，则换用孔径大的漏斗。

（5）如果换用大孔漏斗，粉末仍不能流过时允许用 1mm 金属丝从漏斗上部捅一下，使粉末流动。但金属丝不得进入圆柱杯。

（6）粉末刮平后，轻轻敲击圆柱杯，去掉杯外壁所黏附的粉末。

（7）称取杯内粉末质量，精确至 0.05g。

（8）计算

$$\rho = m/v = m/25 \qquad\qquad (19-5)$$

ρ——松装密度，g/cm^3；

m——粉末试样质量，g；

v——圆柱杯体积，cm^3。

取三次测定结果计算平均值，数据精确到 $0.01g/cm^3$，当三次测定结果之间的差值超过平均值的 1% 时，要报出最高值和最低值结果。

4. 实验报告

列出所测粉末的松装密度、流动性指标数据。

（三）粉体比表面积的测定

1. 实验目的：了解比表面积测定仪工作原理及测定方法。

2. 实验原理

（1）BET 吸附理论：固体与气体接触时，气体分子碰撞固体并可在固体表面停留一定的时间，这种现象称为吸附。BET 吸附法的理论基础是多分子层的吸附理论。

（2）吸附方法：静态吸附法和动态吸附法，静态吸附法根据吸附量测定方法的不同，又分为容积法与质量法。

3. 实验仪器：美国贝克曼公司生产的 SA3100 比表面分析仪。

SA3100 比表面分析仪以氮气作为吸附质，在液态氮（$-196℃$）的条件下进行吸附，并用氦气校准仪器中不产生吸附的"死空间"的容积，对已称出质量的粉体试样加热并抽真空脱气后，即可引入氮气在低温下的吸附，精确测量吸附质在吸附前后的压力、体积和温度,计算在不同相对压力下的气体吸附量,通过作图即可求出吸附质的量。然后就可求出粉体试样的比表面积。一般认为,氮吸附法是当前测量粉体物料比表面积的标准方法。

4. 实验用粉末:ZrO_2

估算的比表面积	待分析的试样质量
$>30m^2/g$	$0.1\sim0.2g$
$10\sim30m^2/g$	$0.3g$
$3\sim9.9m^2/g$	$1g$
$2\sim2.9m^2/g$	$1.5g$
$1.5\sim1.9m^2/g$	$2g$
$1\sim1.4m^2/g$	$3g$

5. 实验报告

(1) 简述 BET 吸附法测量粉体比表面积的原理。

(2) 影响 BET 测量结果的因素有哪些?

第五章 材料粗糙度、磨损和电化学性能实验

实验二十 材料表面粗糙度测量

一、实验目的

(1) 了解表面粗糙度的测量原理、常用方法以及需要测定的参数。

(2) 学习掌握粗糙度仪的使用方法。

(3) 测定待测物件的轮廓算术平均偏差 Ra 等参量。

二、实验原理

表面粗糙度是指加工表面具有的较小间距和微小峰谷的不平度。其两波峰或两波谷之间的距离（波距）很小（在 1mm 以下），它属于微观几何形状误差，如图 20 - 1 所示。表面粗糙度越小，则表面越光滑。

表面粗糙度一般是由所采用的加工方法和其他因素所形成的，例如加工过程中刀具与零件表面间的摩擦、切屑分离时表面层金属的塑性变形以及工艺系统中的高频振动等。由于加工方法和工件材料的不同，被加工表面留下痕迹的深浅、疏密、形状和纹理都有差别。

表面粗糙度与机械零件的配合性质、耐磨性、疲劳强度、接触刚度和噪声等有密切关系，对机械产品的使用寿命和可靠性有重要影响。一般标注采用 Ra。

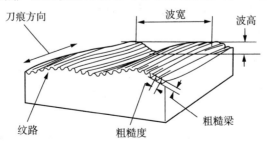

图 20 - 1 表面粗糙度

1. 评定参数

（1）高度特征参数

① 轮廓算术平均偏差 Ra：在取样长度（lr）内轮廓偏距绝对值的算术平均值。在实际测量中，测量点的数目越多，Ra 越准确。

② 轮廓最大高度 Rz：轮廓峰顶线和谷底线之间的距离。

在幅度参数常用范围内优先选用 Ra。2006 年以前国家标准中还有一个评定参数为"微观不平度十点高度"用 Rz 表示，轮廓最大高度用 Ry 表示，2006 年以后国家标准中取消了微观不平度十点高度，采用 Rz 表示轮廓最大高度。

（2）间距特征参数

用轮廓单元的平均宽度 Rsm 表示。在取样长度内，轮廓微观不平度间距的平均值。微观不平度间距是指轮廓峰和相邻的轮廓谷在中线上的一段长度。

（3）形状特征参数

用轮廓支承长度率 Rmr（c）表示，是轮廓支撑长度与取样长度的比值。轮廓支承长度是取样长度内，平行于中线且与轮廓峰顶线相距为 c 的直线与轮廓相截所得到的各段截线长度之和。

2. 测量方法

（1）比较判别法

比较判别法是将被检工件与表面粗糙度标准样块进行表面粗糙度对比的一种评估法，即通过人的视觉或触觉来判别两个对比表面的表面粗糙度差异，然后根据表面粗糙度标准样块的标定值（一般标定表面粗糙度参数 Ra 值）估计被检工件表面粗糙度参数值的一种简易方法。

① 目测法

目测法仅能评估表面粗糙度轮廓峰谷的高低，不能评估表面粗糙度轮廓峰间距，由于人眼分辨率能力有限，一般仅用于判别大于 $0.2\mu m$ 的表面粗糙度。

② 触觉法

用触觉法评估表面粗糙度，一般比目测法的准确度高。触觉法一般可感觉出 $10\mu m$ 的表面微观不平度，有经验的工人能触测到 $2.5\mu m$ 的准确度。

③ 比较显微镜判别法

比较显微镜判别法是将被测工件表面与表面粗糙度比较样块同时放在比较显微镜下进行观察对比评估，由于能从视场中同时观察到相比较的两表面的影像，因此能判别 Ra 值为 $6.3\sim0.20\mu m$ 的表面粗糙度。

④ 实体剖面法

实体剖面法是先将被测表面镀上一层铜或镍，再沿着指定方向将工件剖开进行抛光，然后在显微镜下观察被测表面的实际轮廓进行评定。这种方法可测到的

微观不平度达 $6.5\mu m$。

（2）光学测量法

① 光切法

光切原理是把带状光束倾斜投射于工件表面形成光切面，然后从反射方向用显微镜观察切面光带象，以确定工件表面粗糙度值。采用光切原理设计的测量表面粗糙度的仪器称光切显微镜或双管显微镜。这类仪器光学系统可测表面微观不平度高度大致为 $0.63\sim0.8\mu m$。各种光切显微镜适用于测量车、铣、刨及其类似加工方法成形的金属工件平表面和外圆表面，以及木材、纸张等非金属材料的表面粗糙度，还可用于测量表面加工纹理和微小的局部破损痕迹。笨重工件或内表面的粗糙度也可用此类仪器进行印模法测量。

② 干涉法

干涉法是利用光波的干涉现象，以光波波长度量由于工件表面微观不平度而产生的光波干涉带弯曲程度的一种方法。其工作原理与光学平晶测量工件表面平面度的干涉原理相同，所不同的是它通过高倍率放大显微镜系统实现分辨，测出工件表面粗糙度数值。干涉法具有以下特点：容易测量轮廓微观不平度高度小于 $1\mu m$ 的表面粗糙度；测量精度高，多光束干涉法的精度可达 $0.001\sim0.003\mu m$；测量过程中不与被测表面接触，因而可避免划伤被测表面。

③ 光学实时测量

实时测量包括工艺过程中测量和在线测量两个内容。所谓工艺过程中测量是指工件在切削过程中或成形过程中进行的测量。其目的在于对工艺过程进行自动控制，以便把测量数据及时传送给控制加工的人或控制器，从而为自动的选择最佳参数精修工件提供可能。但工艺中测量易受工况的影响，如工件的振动、切屑、冷却液和润滑等影响。在线测量是一种实时的快速自动测量，是指在加工过程中的其他时间，如在流水线生产中当转移工位时，定时地无间断地进行测量。它们的共同特点是都能对工件表面粗糙度进行非接触、快速、百分之百的实时测量，以判断工件是否符合设计要求

④ 光学散射法

一个粗糙不平的表面可以理解为是许多曲率半径大于光波长度的许多小平面的集合。当定向的激光束照射到工件粗糙表面时，将使它按光学定律产生散射和反射。由于光的吸收和反射损失，反射回来的光强比入射的光强小，反射光强的大小与不透明试件的表面粗糙度有关，表面越粗糙，反射方向的光强越弱，反之则强。根据这一原理测量工件表面粗糙度。此法适用于测量表面粗糙度比较低的光滑表面，且具有速度快，非接触测量等优点，它的垂直分辨率可达到 $0.001\mu m$，水平分辨率一般为 $1mm$ 左右，可用于加工过程中测量和在线测量。

⑤ 光学散斑法

光学散斑法是利用平均散斑对比度测量表面粗糙度有关参数的一种方法。理论与实际研究表明，散斑强度的平均对比度随表面粗糙度的提高而增加。研究表明，只要使用完全的空间相干光照明，可以在任意平面上对工件表面粗糙度进行无接触的实时测量。散斑法的优点是可以测量从非常光滑到很粗糙的表面，测量范围较大，重复性较好，因而可用于一般机加工表面的测量。散斑法的缺点是对表面加工类型的变化要比散射法敏感得多，因而散斑法适用于表面类型不大改变的场合。

⑥ 光纤法

光源经自动准直平行光管入射光纤维束，垂直照射到被测表面上，受光纤维束接收反射光束，经光电倍增管转换成电压，并用记录器一一记录下来。这种方法可测量各种曲面的表面粗糙度。

（4）电学测量法

① 针描法（又称触针法）

针描法是一种特殊触针以一定的速度沿着被测工件表面移动，由于工件表面的微观不平引起了触针的上下运动，并把触针移动的变量通过机械、光学、电学的转换，再经放大、运算，由指示表指示被测表面粗糙度的评定参数数值，或用记录仪描绘微观不平度轮廓的一种检测方法。针描法轮廓仪可以直接测量平面、圆柱面、内孔等工件表面粗糙度，对于键槽表面、刀刃和形状复杂的曲面，仪器备有各种附属装置，可按规定截面测量多项评定参数，如 Ra、Rz、Rt、Rp、Rq、Rsk、HSC 等；仪器操作简便，测量迅速，测量数值呈数字显示，测量精度较高；不仅能测量金属表面的粗糙度，也能测量陶瓷等非金属表面的粗糙度；仪器适用于测量硬度不低于 HRC20，表面粗糙度参数 Ra 值为较低的表面，并能直接给出读数值。但是它也有缺点，由于受到触针尖半径大小和测量速度的限制，不能用于测量 $Ra<0.012\mu m$ 的表面粗糙度，而且金刚石触针性脆。

② 电容测量法

把电容器的上极板作为传感测头，下极板作为被测工件表面，则传感测头与工件共同构成一对电容值为 C 的平板电容器。两板之间的电容与极板之间的面积 A 成正比，而与平行极板之间的距离 t 成反比。当传感测头与被测工件表面之间的间隙 t 改变时，C 将发生变化，把变化量 ΔC 转换成电压信号，经放大可用电压形式把表面粗糙度的数值表示出来。

（5）其他测量法

① 全息干涉测量法

用激光照射被测表面，利用相干辐射拍摄被测表面的全息图像——一组表面轮廓的干涉图形。然后用一种扫描光电池测量干涉条纹的强度分布，即从光电池输出求出强度的极大值和极小值。因此只要能测出全息图像干涉条纹的对比度，即可知被测表面粗糙度。

② 光栅测量法

通过光学系统，将带有投影刻线的表面投影在比较光栅的刻线平面上，便得到莫尔条纹，此莫尔条纹即被测表面上相对原始光栅的刻线象平面具有相应高度的点的几何位置。在垂直于光栅刻线的方向上，条纹的弯曲与被测表面的轮廓相似。若已知莫尔条纹的值，并且估计出弯曲量相对条纹间距的比例数，就能容易确定表面微观不平度的高度。

在目前存在的各种表面粗糙度测量仪器中，从原理上比较，触针式电动轮廓仪性能较稳定、示数较客观、使用较方便。各国都在不断地发展这类仪器，以进一步提高其质量，并使其性能日趋完善。

3. 表面粗糙度检测仪器

粗糙度仪又叫表面粗糙度仪、表面光洁度仪、表面粗糙度检测仪、粗糙度测量仪、粗糙度计、粗糙度测试仪等，国外先研发生产后来才引进国内。粗糙度仪测量工件表面粗糙度时，将传感器放在工件被测表面上，由仪器内部的驱动机构带动传感器沿被测表面做等速滑行，传感器通过内置的锐利触针感受被测表面的粗糙度，此时工件被测表面的粗糙度引起触针产生位移，该位移使传感器电感线圈的电感量发生变化，从而在相敏整流器的输出端产生与被测表面粗糙度成比例的模拟信号，该信号经过放大及电平转换之后进入数据采集系统。

采用针描法原理的表面粗糙度测量仪由传感器、驱动器、指零表、记录器和电感传感器是轮廓仪的主要部件之一，在传感器测杆的一端装有金刚石触针，触针尖端曲率半径 r 很小，测量时将触针搭在工件上，与被测表面垂直接触，利用驱动器以一定的速度拖动传感器。

由于被测表面轮廓峰谷起伏，触状在被测表面滑行时，将产生上下移动。此运动经支点使磁芯同步地上下运动，从而使包围在磁芯外面的两个差动电感线圈的电感量发生变化。传感器的线圈与测量线路是直接接入平衡电桥的，线圈电感量的变化使电桥失去平衡，于是就输出一个和触针上下的位移量成正比的信号，经电子装置将这一微弱电量的变化放大、相敏检波后，获得能表示触针位移量大小和方向的信号。此后，将信号分成三路：一路加到指零表上，以表示触针的位置，一路输至直流功率放大器，放大后推动记录器进行记录；另一路经滤波和平均表放大器放大之后，进入积分计算器，进行积分计算，即可由指示表直接读出表面粗糙度 Ra 值。

本实验采用 TR220 手持式粗糙度仪测量试样的表面粗糙度，其形状如图

20-2所示。粗糙度测量范围为 $0.005\sim16\mu m$。

图 20-2　TR220 手持式粗糙度仪

测量原理：测量工件表面粗糙度时，将传感器放在被测工件表面，由仪器内部的驱动机构带动传感器沿被测表面做等速滑行，使传感器通过内置的锐利触针感受被测表面的粗糙度。此时，工件被测表面的粗糙度引起触针产生位移，该位移使传感器电感线圈内电感量发生变化从而在机敏整电流器的输出端产生与被测表面粗糙度成比例的模拟信号，该信号经过放大及电平转换之后进入数据采集系统。DSP 芯片将采集的数据进行数据滤波和参数计算，测量结果在液晶显示屏上读出，可以存储，也可以在打印机上输出，还可以与 PC 机进行通讯。注意：触针不能用手触摸，保护套管不能用手随便碰。

三、实验内容

（1）用表面粗糙度样板对两个不同加工方法的试件比较，确定 Ra 值。

（2）用 TR220 手持式粗糙度仪检测样品（材料：碳化硅；加工方法：电火花）表面粗糙度并记录 Ra、Rz 和取样长度。

四、实验目的材料与设备

（1）材料：碳化硅，酒精等。

（2）设备：TR220 手持式粗糙度仪，车床，砂纸等。

五、实验步骤

TR220 手持式粗糙度仪测量步骤

（1）开机，按下电源键。

（2）查电压；擦干净被测表面；检查仪器是否正确、平稳放在被测表面；传感器的运行轨迹必须垂直于被测工件表面的加工纹理方向。

（3）零位调整。

轻按回车键，显示当前触针的相对位置。通过初调、微调保证触针在零点位置。

（4）计量条件选择。

取样长度 2.5mm；评定长度 5mm；量程 ±80μm。

（5）与磁性表架连可以在线采集。

六、实验报告

（1）简述材料表面粗糙度的测量方法及原理。

（2）将得到的数据记录并整理以及讨论。

（3）说明材料的表面粗糙度在实际生活中的应用。

实验二十一 材料的磨损实验

一、实验目的

(1) 了解磨损实验的基本原理。
(2) 掌握磨损实验的基本方法。

二、实验原理

磨损是机械零部件失效的主要原因之一。据统计，工程实际中大约有一半左右的零部件的失效是由于磨损引起的。材料的磨损是在摩擦力的作用下表面形状、尺寸、组织发生变化的结果。材料的耐磨性不是材料本身固有的性能，除与自身性能有关外，还有材料的服役或实验条件有关。

1. 磨损实验机

磨损实验因受实验条件（压力、滑动滚动速度、介质及润滑条件、温度配对材料性质、表面状态等）影响很大，加之实验条件必须尽可能接近材料实际工作条件，并且除在试验机上进行试样实验外，必要时还要进行中间台架实验和实物装车实验。

目前常用的试验机有以下几种：

(1) 滚子式磨损试验机

如图 21-1 所示，可模拟齿轮啮合、火车车轮与钢轨类的摩擦形式，现在发展为可进行滚动摩擦、滑动摩擦、滚动与滑动复合摩擦、冲击摩擦以及接触疲劳等试验，用途很广泛。国产 MM200 型试验机及瑞士 Amsler 型试验机即属此类。

(2) 切入式磨损实验机

如图 21-2 所示，国产 MK-1 型试验机及国外 Skoda-Savin 型试验机即属此类。用读数显微镜测量切入磨损宽度后，计算体积磨损量，可快速测定材料及处理工艺的性质。

(3) 旋转圆盘-销式磨损试验机

如图 21-3 所示，上试样销子固定，下试样圆盘旋转，试验精度高，易实现高速，便于低温与高温摩擦与磨损性能试验，国产 MD-240 型试验机、苏联 X-45 型试验机、美国 NASA 摩擦试验机均为此类型。

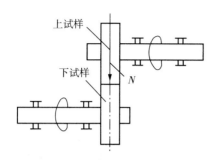

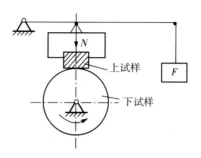

图 21-1　滚子式磨损试验机　　　　　图 21-2　切入式磨损实验机

图 21-3　旋转圆盘-销式磨损试验机

（4）往复式磨损实验机

适用于导轨、缸套活塞环等摩擦副试验，如图 21-4 所示。国产 MS-3 型磨损试验机为此类型的代表，国外有福勒西和里西曼（美）、扎伊切夫（前苏）和神钢（日）等型试验机。

（5）四球式摩擦磨损试验机

如图 21-5 所示，下面的三个钢球由滚道支承，试验球则支承在三球上。主动轴带动试验球自转，试验球带动支承球自转和公转，可用来测定摩擦系数及进行接触疲劳试验。国产 MQ-12 型试验机即属此类，国外有壳牌四球机、曾田四球机等。

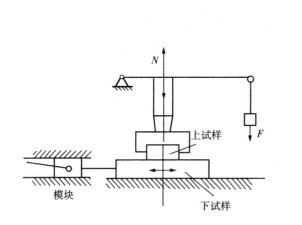

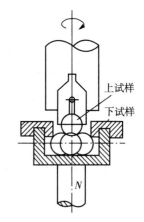

图 21-4　往复式磨损实验机　　　　图 21-5　四球式摩擦磨损试验机

（6）AYS-6 型接触疲劳机

主要用于轴承钢接触疲劳试验，如图 21-6 所示。

（7）湿式磨料磨损试验机

如图 21-7 所示。试验机主轴带动旋转体旋转，试样安装在旋转体周围。试验时，试样在砂与水的混合物中旋转，可模拟犁铧、砂泵及水轮机叶片的工作条件。

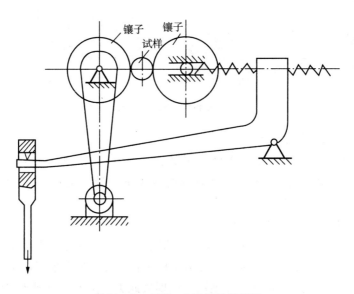

图 21-6　AYS-6 型接触疲劳机

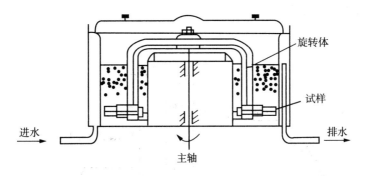

图 21-7　湿式磨料磨损试验机

2. 磨损量的测量及表示方法

（1）常用的磨损量的测量方法

① 称重法：测量磨损试样前后试样重量的变化，依试验要求，在不同精密度的天平上进行。

② 测长法：测量试验前后磨损表面法向尺寸的变化，常用千分尺、千分表、读数显微镜等测量。

③ 人工测量基准法，包括以下 4 种：

台阶法：在摩擦表面边缘加工一凹陷台阶，作为测量基准。

划痕法：在摩擦表面上划一凹痕，测量磨损试验前后凹痕深度的变化。

压痕法：用硬度计压头压出压痕，测量印痕尺寸在试验前后的变化。

切槽法（或磨槽法）：用刀具或薄片砂轮在磨损表面加工出一月牙形凹痕，测量凹痕变化。

④ 化学分析法：测量润滑剂中磨损产物量或磨损产物的组成。

⑤ 放射性同位素法：试样经镶嵌、辐射、熔炼等方法使之具有放射性，测量磨屑的放射性强度，即可换算成磨损量。

（2）磨损量的表示方法

① 线磨损：原始尺寸减去磨损后尺寸。

② 质量磨损：原始质量减去磨损后质量。

③ 体积磨损：失重/密度。

④ 磨损率：磨损量/摩擦路程，或磨损量/磨损时间。

⑤ 磨损系数：实验材料的磨损量/对比材料的磨损量。

⑥ 相对耐磨性：磨损系数的倒数。

三、实验内容

试验采用滑动摩擦磨损试验。试样为 45 钢经过淬火和回火热处理。试样几何尺寸如图 21 - 8 所示。

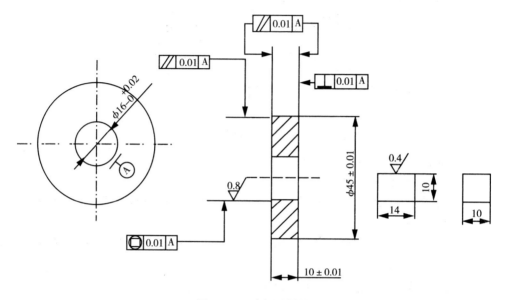

图 21 - 8   磨损试样图

测量 45 钢两种状态下的摩擦系数、磨损量，计入表 21 - 1 中.

表 21 - 1   磨损记录表

试样材料	热处理	试样尺寸/mm	摩擦系数	磨损量

四、实验材料与设备

（1）材料：淬火回火状态的 45 钢。

（2）设备：滑动磨损实验机、加热炉、千分尺、电子天平等。

五、实验步骤

（1）试验前，用千分尺测量试样尺寸，用精密天平称量试样质量，并做好记录。

（2）安装试样，检查设备各部件是否正常，使记录仪等处于待机状态。

（3）启动设备，进行试验。

（4）试验结束，卸下试件，按操作规程关机。

六、实验报告

（1）简述摩擦磨损试验的测量方法。

（2）按上述内容进行试验，将试验结果做好记录并讨论分析之。

实验二十二　恒电位法测定金属的腐蚀极化现象（阳极极化曲线）

一、实验目的

（1）测定镍在硫酸溶液中的阳极极化曲线及钝化电位。

（2）了解金属极化行为的原理和测量方法。

（3）掌握控制电位测量极化曲线的方法。

二、实验原理

1. 金属的阳极过程

许多金属的腐蚀以及工业生产如化学电源、电镀、电解冶金等，都涉及金属的阳极过程。金属的阳极过程是指金属作为阳极发生电化学溶解的过程，如式（22-1）所示：

$$M \rightleftharpoons M^{z+} + ze^- \tag{22-1}$$

在金属的阳极溶解过程中，其电极电位必须正于共平衡电位，电极过程才能发生，这种电极电位偏离其平衡电位的现象，称为极化。当阳极极化不太大时，阳极过程的速度随着电位变正而逐渐增大，这是金属的正常阳极溶解，但当电极电位正到某一数值时，共溶解速度达到最大，此后阳极溶解速度随着电位变正，反而大幅度地降低，这种现象称为金属钝化。处在钝化状态下的金属，其溶解速度只有极小的数值，在某些情况下，这正是人们需要的，例如，为了保护金属防止腐蚀以及电镀中的不溶性阳极等。在另外一些情况下，金属钝化却是非常有害的，例如，在化学电源、电冶金以及电镀中的可溶性阳极等。

研究金属阳极溶解及钝化，通常采用两种方法：控制电位法和控制电流法。由于控制电位法能测到完整的阳极极化曲线，因此，在金属钝化现象的研究中，它比控制电流法更能反映电极的实际过程。对于大多数金属而言，用控制电位法测得的阳极极化曲线大都具有图 22-1 中实线所表示的形式；而用控制电流法只能获得图 22-1 中虚线的形式（即 ABE 线）。从控制电位法测得的极化曲线可以看出，它有一个"负坡度"区域的特点。具有这种特点的极化曲线是无法用控制电流的方法来测量的。因为在同一个电流 i 下可能对应于几个不同的电极电位，因而在控制电流极化时，电极电位处于一种不稳定状态，并可能发生电位的跳跃甚至振荡。

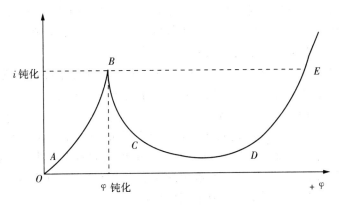

图 22-1　金属阳极氧化曲线

控制电位法测到的阳极极化曲线可分为四个区域：

（1）AB 段为活性溶解区：此时金属进行正常的阳极溶解，阳极电流随电位的改变服从半对数关系。

（2）BC 段为过渡钝化区（负坡度区）：随着电极电位变正达到 B 点之后，此时金属开始发生钝化，随着电位的正移，金属溶解速度不断降低，并过渡到钝化状态。对应于 B 点的电极电位称为临界钝化电位 $\varphi_{钝化}$。对应的电流密度叫临界钝化电流密度 $i_{钝化}$。

（3）CD 段为稳定钝化区：在此区域内，金属的溶解速度降低到极小数值，并且基本上不随电位的变化而改变，此时的电流密度称为钝态金属的稳定溶解电流密度。

（4）DE 段为过钝化区：此时阳极电流又重新随电位的正移而增大，电流增大的原因可能是高价金属离子的产生，也可能是 O_2 的析出，还可能是两者同时出现。

2. 影响金属钝化过程的几个因素

金属钝化现象是十分常见的，人们已对它进行了大量的研究，影响金属钝化过程及钝态性质的因素可归纳为以下几点：

（1）溶液的组成：溶液中存在的 H^+、卤素离子以及某些具有氧化性的阴离子对金属的钝态现象起着颇为显著的影响。在中性溶液中，金属一般是比较容易钝化的，而在酸性溶液或某些碱性溶液中金属钝化要困难得多。这与阳极反应产物的溶解度有关的。卤素离子，特别是氯离子的存在明显地阻止金属的钝化过程，已经钝化的金属也容易被它破坏（活化），而使金属的阳极溶解速度重新增加。溶液中存在某些具有氧化性的阴离子（如 CrO_4^{2-}）则可以促进金属的钝化。

（2）金属的化学组成和结构：各种纯金属的钝化能力很不相同，以铁、镍、铬三种金属为例，铬最容易钝化，镍次之，铁较差些，因此，添加铬、镍可以提高钢铁的钝化能力，不锈钢材是一个极好的例子。一般来说，在合金中添加易钝化金属时可以大大提高合金的钝化能力及钝态的稳定性。

（3）外界因素（如温度、搅拌等）：一般来说，温度升高以及搅拌加剧可以推迟或防止钝化过程的发生，这显然是与离子的扩散有关的。

3. 极化曲线的测量原理和方法

采用控制电位法测量极化曲线时，是将研究电极的电位恒定地维持在所需值，然后测量对应于该电位下的电流。由于电极表面状态在未建立稳定状态之前，电流会随时间而改变，故一般测出的曲线为"暂态"极化曲线。在实际测量中，常采用的控制电位测量方法有下列两种：

（1）静态法：将电极电位较长时间地维持在某一恒定值，同时测量电流随时间的变化，直到电流基本上达到某一稳定值。如此逐点地测量各个电极电位（例如每隔20、50或100mV）下的稳定电流值，以获得完整的极化曲线。

（2）动态法：控制电极电位以较慢的速度连续地改变（扫描），测量对应电位下的瞬时电流值，并以瞬时电流与对应的电极电位作图，获得整个的极化曲线。所采用的扫描速度（即电位变化的速度）需要根据研究体系的性质选定。一般来说，电极表面建立稳态的速度愈慢，则扫描速度也应愈慢，这样才能使所测得的极化曲线接近稳态。

上述两种方法都已获得广泛的应用。从其测量结果的比较可以看出，静态法测量结果虽较接近稳态值，但测量时间太长。例如，对于钢铁等金属及其合金，为了测量钝态区的稳态电流往往需要在每一个电位下等待几个小时甚至几十个小时，所以在实际工件中，较常用动态法来测量。本实验采用动态法。实验装置如图 22-2 所示。

三、实验内容

（1）测定镍在硫酸溶液中的阳极极化曲线及钝化电位。
（2）掌握控制电位测量极化曲线的步骤。
（3）注意在测定极化曲线的操作中的注意事项。
（4）学会对所获得数据进行数据处理。

四、实验材料与设备

（1）材料：Ni 电极、饱和硫酸亚汞参比电极、0.5mol/dm³ H_2SO_4、0.005mol/dm³ KCl ＋ 0.5mol/dm³ H_2SO_4、0.5mol/dm³ KCl ＋ 0.5mol/dm³ H_2SO_4、丙酮（CR）、百得胶、金相砂纸等。

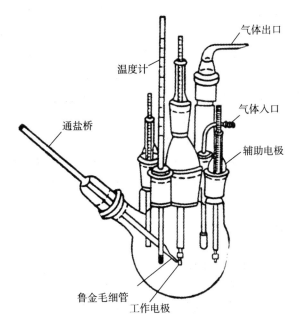

图 22-2 ASTM G-5 推荐的标准电解池

（2）设备：电化学工作站、超级恒温槽、双管电解池等。

五、实验步骤

本实验首先测量 Ni 在 0.5mol/dm^3 H_2SO_4 溶液中阳极极化曲线，再观察 Cl^- 对 Ni 阳极钝化的影响。具体步骤如下：

（1）了解仪器的线路及装置。

（2）洗净电解池，注入恒温（25℃）的 0.5mol/dm^3 H_2SO_4 溶液于电解池内，并安放好辅助电极（Ni 电极）、研究电极（Ni 电极）及参比电极，将电解池置于25℃的恒温槽中。电解池结构如图 22-2 所示，其中鲁金毛细管的作用是降低溶液电阻过电势。

（3）研究电极（Ni 电极）需用金相砂纸磨至镜面光亮，用百得胶封好多余的表面，胶凝固后在丙酮中浸泡 10s 清除电极表面的油渍，再在 0.5mol/dm^3 H_2SO_4溶液中浸泡 2min，除去氧化物，然后用蒸馏水洗净，即可置入电解池内。

（4）电极连接。连接电解池与电化学工作站的电极，将电化学工作站的白色夹头接参比电极；绿色夹头接工作电极；红色夹头接辅助电极。

（5）开机启动程序。在软件 Setup（设置）的菜单中执行 Technique（实验技术）的命令选择本次实验的使用方法（如线性扫描伏安法 LSV），然后在 Setup（设置）的菜单中再执行 Parameters（实验参数）命令选择实验参数（如高电位、低电位、灵敏度 Sensitivity 等）。实验方法和参数设定后，执行 Run 命令即开始测试工作。

（6）实验结束后，可执行 Graphics 菜单中的 Present Data Plot 命令进行数据显示，这是实验参数和结果同时显示。若要保存实验数据在 File 菜单中执行 Save As 命令即可保存实验数据。也可在 File 菜单中执行 Print 命令打印结果。

（7）更换溶液和研究电极，使 Ni 电极在 0.005mol/dm^3 KCl＋0.5mol/dm^3 H_2SO_4 溶液中进行阳极极化。重复上述（4）、（5）、（6）三步骤即可。

（8）实验完毕后电解池和恒电位仪会自动断开。取出研究电极、参比电极和辅助电极，将参比电极用蒸馏水洗净，底部套上橡皮放回电极盒中，清洗电解池。

六、实验报告

（1）简述金属极化现象的原理。

（2）Ni 的阳极极化曲线中 $\varphi_{钝化}$ 与 $i_{钝化}$ 的意义。

（3）比较 Ni 在硫酸溶液和含 Cl^- 的硫酸溶液中的阳极极化曲线，说明 Cl^- 对 Ni 的钝化起何作用。

（4）在测定极化曲线的操作中应注意哪些事项。

（5）分析结果，并讨论。

实验二十三　电位扫描法测定不同介质下金属的腐蚀速度

一、实验目的

(1) 了解钢铁材料在不同介质中的腐蚀速度。

(2) 了解金属腐蚀速度的电化学测量方法。

(3) 掌握 Tafel 直线外推法测量金属腐蚀的方法。

二、实验原理

金属的腐蚀性即受材料因素的影响，又受介质因素的影响。此外，还受温度、系统的几何形状和尺寸以及金属与介质的相对运动和力学因素等影响。这些因素的组合与变化，构成了错综复杂的金属腐蚀条件和表现形式，与此相对应的腐蚀机理也不相同，因而对金属腐蚀性的测试方法也是多种多样的，目前尚未统一。按式样与环境的相互关系，可分为实验室试验、中间试验和现场试验；按照试验方法的性质分类可分为物理的、化学的和电化学试验；按试验结果可分为定性考察和定量测量等。

实验室试验是将专门制备的试样，在人为控制的环境中进行腐蚀实验。其又可分为实验室模拟试验（如人造海水等）和实验室加速试验。实验室试验的优点是可充分利用实验室的测试仪器和设备，自由选择试样尺寸和形状，严格控制各种影响因素，试样周期短，结果重视性好。实验室试验主要用于：材料的耐蚀性和防蚀措施的平定试验，检查研究腐蚀事故发生的原因以及机理研究等。

中间实验一般是以半工业规模进行，即所谓中试。在这种试验中要体现现场条件。中间试验的优点是实验的结果实用价值性高。

现场试验是检验实验室试验和中间试验结果的可靠性，可实地考察材料的腐蚀性和使用寿命，以及各种防腐措施的有效性等。现场试验又包括：野外试验，实物试验等。

金属腐蚀速度的测定方法很多，失重法是常用的方法之一。此法有准确可靠等优点，缺点是实验周期长，需做平行实验。电化学测试方法具有快速简便的优点，故得到广泛的利用。对于金属腐蚀过程遵循电化学腐蚀机制的腐蚀体系的研究一般都采用电化学方法。

测定金属腐蚀速度的电化学方法常用的有塔菲尔直线外推法，线形极化法，三点法，恒电流暂态法，交流阻抗法等。这里仅简单介绍一种与稳态极化曲线有关的测量腐蚀速度的电化学方法。

塔菲尔直线外推法：由活化极化控制下金属腐蚀的基本动力学方程式可知。当过电位足够大（$\eta > 50\text{mV}$）时，方程中的后一项可忽略不计。于是方程可简化为：

$$i_{a,\text{外}} = i_{\text{corr}} \exp (2.3\eta_a/b_a) \tag{23-1}$$

或 $$\eta_a = -b_a \lg i_{\text{corr}} + b_a \lg i_{a,\text{外}} \tag{23-2}$$

$$i_{c,\text{外}} = i_{\text{corr}} \exp (2.3\eta_c/b_c) \tag{23-3}$$

由式可知，如果将实测的阴、阳极极化曲线的数据（η 对 $\lg$）在半对数坐标上作图，从极化曲线上呈直线关系的塔菲尔区外推交于一点 S，或由一条塔菲尔直线与 $E = E_{\text{corr}}$ 水平直线相交，交点即为金属的阳极溶解电流 i_1 与去极化剂的还原电流 i_2 极化曲线的交点。在交点处，$i_1 = i_2$，即金属阳极溶解速度与去极化剂还原速度相等，外电流为零，金属的腐蚀速度达到稳定，此点对应的电流即为金属的腐蚀电流 i_{corr}，如图 23-1 所示。

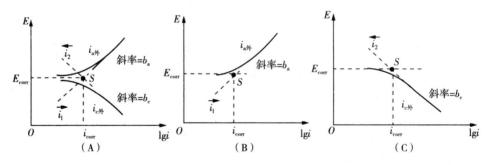

图 23-1 塔菲直线外推法

采用这种方法测量金属的腐蚀速度有较严格的理论根据。用这种方法测定钢、铁和铝在非氧化性酸溶液中的腐蚀速度，所得结果与用化学分析方法所得结果基本一致。塔菲尔直线外推法可方便地求得 E_{corr}、i_{corr} 及 b_a、b_c 等动力学参数，也便于研究缓蚀剂对这些动力学参数的影响，进而确定是阳极型缓蚀剂，还是阴极型缓蚀剂。该方法的缺点是当用大电流强极化到塔菲尔区时，由于电极电位已偏离自腐蚀电位较远，对腐蚀体系的干扰太大。此时金属电极表面的状态会发生变化。例如，测定阳极极化曲线时可能出现钝化；测定阴极极化曲线时表面原先存在的氧化膜可能还原，严重时可引起其他去极化剂的还原反应，从而使极化曲线变形，造成较大的测量误差，致使测得的腐蚀速度不能真实地反映原来的自腐蚀速度，并且体系的腐蚀控制机理也可能发生变化，以致使塔菲尔区不明显而难以准确地进行外推。然而，由于它比失重法和化学分析法简便、快速，所以仍得到广泛的应用。

三、实验内容

（1）电化学测量方法的原理。

（2）Tafel 直线外推法测量金属腐蚀的实验步骤及注意事项。

（3）处理实验数据，分析实验结果。

四、实验材料与设备

（1）实验材料：金属电极；饱和硫酸亚汞参比电极；$0.1mol/dm^3$ H_2SO_4；$0.5mol/dm^3$ H_2SO_4；$0.2mol/dm^3$ $NaCl$；$0.5mol/dm^3$ $NaCl$；丙酮（CR）；百得胶；金相砂纸。

（2）实验设备：电化学工作站；超级恒温槽；双管电解池。

五、实验步骤

（1）了解仪器的线路及装置。

（2）洗净电解池，注入已恒温（25℃）的腐蚀介质溶液于电解池内，并安放好辅助电极（不锈钢电极）、研究电极（待测金属电极）及参比电极，将电解池置于 25℃的恒温槽中。电解池结构如图 23-2 所示，其中鲁金毛细管的作用是降低溶液电阻过电势。

（3）研究电极（待测金属电极）需用金相砂纸磨至镜面光亮，用百得胶封好多余的表面，胶凝固后在丙酮中浸泡 10s 清除电极表面的油渍，再在 $0.5mol/dm^3$ H_2SO_4溶液中浸泡 2min，除去氧化物，然后用蒸馏水洗净，即可置入电解池内。

（4）电极连接。连接电解池与电化学工作站的电极，将电化学工作站的白色夹头接参比电极；绿色夹头接工作电极；红色夹头接辅助电极。

（5）开机启动程序。在软件 Setup（设置）的菜单中执行 Technique（实验技术）的命令选择本次实验的使用方法（如线性扫描伏安法 Tafel），然后在 Setup（设置）的菜单中再执行 Parameters（实验参数）命令选择实验参数（如高电位、低电位、灵敏度 Sensitivity 等）。实验方法和参数设定后，执行 Run 命令即开始测试工作。

（6）实验结束后，可执行 Graphics 菜单中的 Present Data Plot 命令进行数据显示，这是实验参数和结果同时显示。若要保存实验数据在 File 菜单中执行

Save As 命令即可保存实验数据。也可在 File 菜单中执行 Print 命令打印结果。

（7）更换溶液和研究电极，重复上述（4）、（5）、（6）三步骤即可。

（8）实验完毕后电解池和恒电位仪会自动断开。取出研究电极、参比电极和辅助电极，将参比电极用蒸馏水洗净，底部套上橡皮放回电极盒中，清洗电解池。

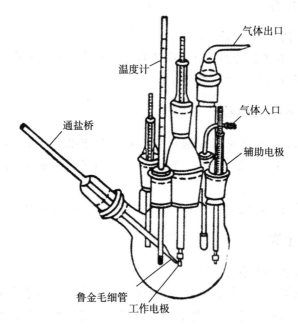

温度计
气体出口
气体入口
辅助电极
通盐桥
鲁金毛细管
工作电极

图 23-2　ASTM G-5 推荐的标准电解池

六、实验报告

1. 简述电化学测量方法的原理。
2. 钢铁材料在不同介质中的腐蚀速度及电化学测量方法。
3. 整理实验数据，讨论并分析实验结果。

第六章 CAD/CAM 基础实验

实验二十四 《Auto CAD 机械制图》实验

（一）工程图纸绘制

一、实验目的

（1）加深对二维图形设计原理和设计方法的理解。

（2）学习和掌握使用 AutoCAD 软件，进行简单零件图的绘制。

（3）掌握计算机工程绘图的能力。

二、实验基本原理

AutoCAD 的英文全称是 Auto Computer Aided Design（计算机辅助设计），它是由美国 Autodesk 公司开发的交互式通用型的绘图软件包。AutoCAD 具有功能强大、操作简单、易于掌握等优点。还因具有完善的图形绘制功能、强大的编辑功能及三维造型功能，并支持网络和外部引用等，使其在建筑、机械等各个行业的设计领域中得到了极为广泛地应用。

三、实验步骤

（1）打开计算机及 AutoCAD 软件，熟悉软件界面与运行环境。

（2）分析绘图对象，进行图形界限命令、图层与图线设置。

（3）绘制图形，对图形添加注释和尺寸标注。

（4）填写技术要求、绘制图框及标题栏。

（5）输出打印图纸。

四、实验基本要求

（1）熟练掌握平面绘图软件 AutoCAD。

（2）按照图 24-1 完整绘制二维图并合理标注，材料 45 号钢，选择合适图纸及绘图比例，正确绘制图框和标题栏，写上机实验报告，用 A4 纸输出。

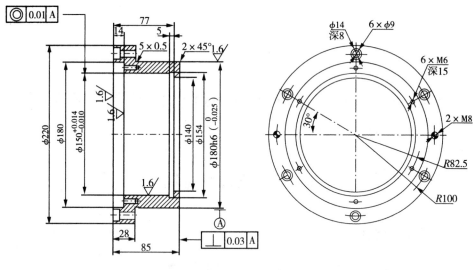

图 24-1   45 号钢零件

（二）三维造型

一、实验目的

（1）加深对三维图形设计原理和设计方法的理解。

（2）学习和掌握使用 UG 三维建模软件，可进行简单实体的三维造型。

（3）掌握计算机三维建模的能力。

二、实验基本原理

UG NX 是 Unigraphics Solutions 公司推出的集 CAD/CAM/CAE 于一体的三维参数化设计软件，在汽车、交通、航空航天、日用消费品、通用机械及电子工业等工程设计领域得到了大规模的应用。UG 实体建模是集成了基于约束的特征建模和显性几何建模两种方法，提供符合建模的方案，使用户能够方便地建立二维和三维线框模型、扫描和旋转实体、布尔运算及其表达式。UG 特征建模模块提供了对建立和编辑标准设计特征的支持，UG 自由形状建模拥有设计高级的自由形状外形、支持复杂曲面和实体模型的创建的功能。

三、实验步骤

（1）打开计算机及 UG 软件，熟悉软件界面与运行环境。

（2）打开已存在文件或创建新文件：File->New 或 File ->Open。

（3）选 UG 模块（如 Modeling）工作，UG 所有的软件模块都在 Application 菜单下如：Modeling；Drafting；Manufacturing；Motion。点 Application 菜单即可切换模块。

（4）分析模型，进行草图绘制、特征操作等；选应用工具（如 Feature Modeling），UG 所有模块的应用工具都在 Insert 下。

（5）保存文件：File->Save。

（6）退出 UG：File->Exit。

四、实验基本要求

（1）熟练掌握三维建模软件 UG。

（2）根据图形 24-2 的尺寸，进行三维造型。

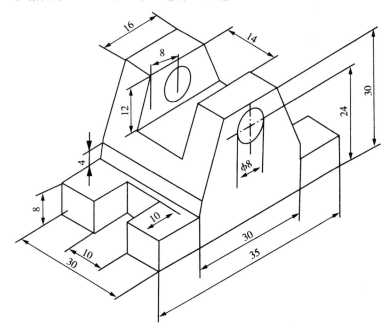

图 24-2 零件图

（3）分析零件结构，进行三维造型（图 24 - 3）。

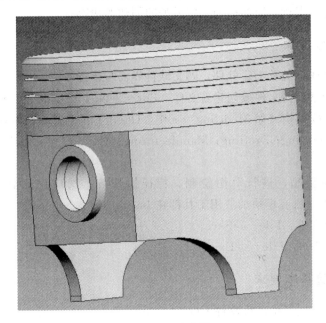

图 24 - 3　零件图

附　　录

附录 I　洛氏硬度（HRC）与其他硬度及强度换算表

洛氏硬度		布氏硬度	维氏硬度	洛氏硬度		布氏硬度	维氏硬度
HRA	HRC	HB$_{10}$/$_{3000}$	HV	HRA	HRC	HB$_{10}$/$_{3000}$	HV
83.9	65	—	856	(69.0)	37	341	347
83.3	64	—	825	(68.5)	36	332	338
82.8	63	—	795	(68.0)	35	323	320
82.2	62	—	766	(67.5)	34	314	320
81.7	61	—	739	(67.0)	33	306	312
81.2	60	—	713	(66.4)	32	298	304
80.6	59	—	688	(65.9)	31	291	296
80.1	58	—	664	(65.4)	30	283	289
79.5	57	—	642	(64.9)	29	275	281
79.0	56	—	620	(64.4)	28	269	274
78.5	55	—	599	(63.8)	27	263	268
77.9	54	—	579	(63.3)	26	257	261
77.4	53	—	561	(62.8)	25	251	255
76.9	52	—	543	(62.3)	24	245	240
76.3	51	501	525	(61.7)	23	240	243
75.8	50	466	509	(61.2)	22	234	237
75.3	49	474	493	(60.7)	21	229	231
74.7	48	461	478	(60.2)	20	225	226
74.2	47	449	463	(59.7)	(19)	220	221

（续表）

洛氏硬度		布氏硬度	维氏硬度	洛氏硬度		布氏硬度	维氏硬度
HRA	HRC	HB$_{10}$/$_{3000}$	HV	HRA	HRC	HB$_{10}$/$_{3000}$	HV
73.7	46	436	449	(59.1)	(18)	216	216
73.2	45	424	436	(58.6)	(17)	211	211
72.6	44	413	423	(58.1)	(16)	208	—
72.1	43	401	411	(57.6)	(15)	204	—
71.6	42	391	399	(57.1)	(14)	200	—
71.1	41	380	388	(56.5)	(13)	196	—
70.5	40	370	377	(56.0)	(12)	192	—
70.0	39	360	367	(55.5)	(11)	188	—
69.5	38	350	357	(55.0)	(10)	185	—

注：（1）本表摘自 GB/T 1172—1999 中所列数据；

（2）表中有"（）"的硬度值仅供参考。

附录 II　压痕直径与布氏硬度对照表

压痕直径 D_{10}（mm）	在下列载荷 P（kgf）下布氏硬度值（HB）			压痕直径 D_{10}（mm）	在下列载荷 P（kgf）下布氏硬度值（HB）		
	$30D^2$	$10D^2$	$30D^2$		$30D^2$	$10D^2$	$2.5D^2$
2.50	601	200	50.1	4.25	201	6.71	16.8
2.55	578	193	48.1	4.30	197	6.55	16.4
2.60	555	185	46.3	4.35	192	6.39	16.0
2.65	534	178	44.5	4.40	187	6.24	15.6
2.70	514	171	42.9	4.45	183	6.09	15.2
2.75	495	165	41.3	4.50	179	5.95	14.9
2.80	477	159	39.8	4.55	174	5.81	14.5
2.85	461	154	33.4	4.60	170	5.68	14.2
2.90	444	148	37.0	4.65	167	5.55	13.9
2.95	429	143	35.8	4.70	163	5.43	12.6
3.00	415	138	34.6	4.75	159	5.30	13.3
3.05	410	133	33.4	4.80	156	5.19	13.0
3.10	388	129	32.3	4.85	152	5.07	12.7
3.15	375	125	31.3	4.90	149	4.96	12.4
3.20	363	121	30.3	4.95	146	4.85	12.2
3.25	352	118	29.3	5.00	143	4.75	11.9
3.30	341	114	28.4	5.05	140	4.65	11.6
3.35	331	110	27.5	5.10	137	4.55	11.4
3.40	321	107	26.7	5.15	134	4.46	11.2
3.45	311	104	25.9	5.20	131	4.37	10.9
3.50	302	101	25.2	5.25	128	4.28	10.7
3.55	293	98	24.5	5.30	126	4.19	10.5
3.60	285	95	23.7	5.35	123	4.10	10.3
3.65	277	92.3	23.1	5.40	121	4.02	10.1

（续表）

压痕直径 D_{10}（mm）	在下列载荷 P（kgf）下布氏硬度值（HB）			压痕直径 D_{10}（mm）	在下列载荷 P（kgf）下布氏硬度值（HB）		
	$30D^2$	$10D^2$	$30D^2$		$30D^2$	$10D^2$	$2.5D^2$
3.70	269	89.7	22.4	5.45	118	3.94	98.6
3.75	262	87.2	21.8	5.50	116	3.86	96.6
3.80	255	84.9	21.2	5.55	114	3.79	94.6
3.85	248	82.6	20.7	5.60	111	3.71	92.7
3.90	241	80.4	20.1	5.65	109	3.64	91.0
3.95	235	76.3	19.6	5.70	107	3.56	89.0
4.00	229	78.3	19.1	5.75	105	3.50	87.6
4.05	223	74.3	18.6	5.80	103	3.43	85.9
4.10	217	72.4	18.1	5.85	101	3.37	82.4
4.15	212	70.6	17.6	5.90	99	3.31	82.6

注：（1）本表摘自金属材料《布氏硬度试验　第1部分：试验方法》（GB/T231.1—2009）中规定的数据。　（2）表中压痕直径为 $D＝10$mm 钢球的试验数据，如用 $D＝5$mm 或 $D＝2.5$mm 钢球试验时，则所得压痕直径应分别增至 2 倍或 4 倍。例如，用 $D＝5$mm 钢球在 750kgf 载荷下所得的压痕直径为 1.65mm，则查表时应采用 $1.65×2＝3.30$（mm），而相对应的硬度值为 341。

附录Ⅲ　压痕对角线与维氏硬度对照表

压痕对角线（mm）	维氏硬度 HV 在下列载荷 P/（kg）下			压痕对角线（mm）	维氏硬度 HV 在下列载荷 P/（kg）下		
	30	10	5		30	10	5
0.100			927	0.475	247	82.2	41.1
0.105			841	0.480	242	80.5	40.2
0.110			766	0.485	237	78.8	39.4
0.115			701	0.490	232	77.2	38.6
0.120		1288	644	0.495	227	75.7	37.8
0.125		1189	593	0.500	223	74.2	37.1
0.130		1097	549	0.510	214	71.3	36.6
1.135		1030	509	0.520	204	68.6	34.3
0.140		986	473	0.530	198	66.0	33.0
0.145		882	441	0.540	191	63.6	31.8
0.150		824	412	0.550	184	61.3	30.7
0.155		772	386	0.560	177	59.1	29.6
0.160		724	362	0.570	171	57.1	28.5
0.165		681	341	0.580	165	55.1	27.6
0.170		642	321	0.590	160	53.3	26.6
0.175		606	303	0.600	155	51.5	25.8
0.180		572	286	0.610	150	49.8	24.9
0.185		542	271	0.620	145	48.2	24.1
0.190		514	257	0.630	140	46.7	23.4
0.195		488	244	0.640	136	45.3	22.6
0.200		464	232	0.650	132	43.9	22.0
0.205		442	221	0.660	128	42.6	21.3
0.210		421	210	0.670	124	41.3	20.7
0.215		401	201	0.680	120	40.1	20.1
0.220	1149	383	192	0.690	117	39.0	19.5
0.225	1113	366	183	0.700	114	37.8	18.9

（续表）

压痕对角线（mm）	维氏硬度 HV 在下列载荷 P/（kg）下			压痕对角线（mm）	维氏硬度 HV 在下列载荷 P/（kg）下		
	30	10	5		30	10	5
0.230	1051	351	175	0.710	110	36.8	18.4
0.235	1007	336	168	0.720	107	35.8	17.9
0.240	966	322	161	0.730	104	34.8	17.4
0.245	927	309	155	0.740	102	33.9	16.9
0.250	899	297	148	0.750	98.9	33.0	16.5
0.255	856	285	143	0.760	96.3	32.1	16.1
0.260	823	274	137	0.770	93.8	31.3	15.6
0.265	792	264	132	0.780	91.4	30.5	15.2
0.270	763	254	127	0.790	89.1	29.7	14.9
0.275	736	245	123	0.800	86.9	28.8	14.5
0.280	710	236	113	0.810	84.8	28.0	14.1
0.285	685	228	114	0.820	82.7	27.6	13.8
0.290	661	221	110	0.830	80.8	26.9	13.5
0.295	639	213	107	0.840	78.8	26.3	13.1
0.300	618	206	103	0.850	77.0	25.7	12.8
0.305	598	199	99.7	0.860	75.2	25.1	12.5
0.310	579	193	96.5	0.870	73.5	24.5	12.3
0.315	561	187	93.4	0.880	71.8	24.0	12.0
0.320	543	181	90.6	0.890	70.2	23.4	11.7
0.325	527	176	87.8	0.900	68.7	22.9	11.5
0.330	511	170	85.2	0.910	67.2	22.4	11.2
0.335	496	165	82.6	0.920	65.7	21.9	11.0
0.340	481	160	80.2	0.930	64.3	21.4	10.7
0.345	467	156	77.9	0.940	63.0	21.0	10.5
0.350	454	151	75.7	0.950	61.6	20.5	10.3
0.355	441	147	73.6	0.960	60.4	20.1	10.1
0.360	429	143	71.6	0.970	59.1	19.7	9.9
0.365	418	139	69.6	0.980	57.9	19.3	9.7
0.370	406	136	67.7	0.990	56.8	18.9	9.5

（续表）

压痕对角线 （mm）	维氏硬度 HV 在下列载荷 P/（kg）下			压痕对角线 （mm）	维氏硬度 HV 在下列载荷 P/（kg）下		
	30	10	5		30	10	5
0.375	396	132	66.0	1.00	55.6	18.5	9.3
0.380	385	128	64.2	1.05	50.5	16.8	8.4
0.385	375	125	62.6	1.10	46.0	15.3	
0.390	366	122	61.0	1.15	42.1	14.0	
0.395	357	119	59.4	1.20	38.6	12.9	
0.400	348	116	58.0	1.25	35.6	11.9	
0.405	339	113	26.5	1.30	32.9	11.0	
0.410	331	110	55.2	1.35	30.5	10.21	
0.415	323	108	53.9	1.40	28.4	9.8	
0.420	315	105	52.6	1.45	26.5	8.8	
0.425	308	103	51.3	1.50	24.7	8.2	
0.430	301	100	50.2	1.55	23.2		
0.435	294	98.5	49	1.60	21.7		
0.440	287	10595.8	47.9	1.65	20.4		
0.445	281	93.6	46.8	1.70	19.3		
0.450	275	91.6	45.8	1.75	18.2		
0.455	269	89.6	44.8	1.80	17.2		
0.060	263	87.6	43.8	1.85	16.3		
0.465	257	85.8	42.9	1.90	15.4		
0.470	252	84	42.0	1.95	14.6		

注：1. 由于 HV∝P，故表中如未列出压痕对角线的 HV 值，可根据其上下两数值用内插法计算求得。

2. 根据冶标 YB54—64 规定，采用的载荷分为 5、10、20、30、50、100kg 六级。上表中仅列有其中常用的三级，如采用其他载荷时，可乘以相应载荷的倍数求出 HV 值。例如，采用载荷 20kg 时，可根据表中载荷 10kg 时的 HV10 乘以 2 倍，即可得 HV20。

附录Ⅳ 洛氏硬度（HR）与其他硬度及强度换算表

布氏硬度（HB）10mm 3000kgf		维氏硬度（HV）	洛氏硬度（HR）				肖氏硬度（HS）	抗拉强度（近似值）MPa
标准球	碳化钨球		洛氏硬度A 载荷60kgf 金刚石圆锥压印头（HRA）	洛氏硬度B 载荷100kgf φ1.6mm 钢球（1/16in）（HRB）	洛氏硬度C 载荷100kgf 金刚石圆锥压印头（HRC）	洛氏硬度D 载荷150kgf 金刚石圆锥压印头（HRD）		
—	—	940	85.6	—	68.0	76.9	97	—
—	—	920	85.3	—	67.5	76.5	96	—
—	—	900	85.0	—	67.0	76.1	95	—
—	(767)	880	84.7	—	66.4	75.7	93	—
—	(757)	860	84.4	—	65.9	75.3	92	—
—	(745)	840	84.1	—	65.3	74.8	91	—
—	(733)	820	83.8	—	64.7	74.3	90	—
—	(722)	800	83.4	—	64.0	73.8	88	—
—	(712)	—	—	—	—	—	—	—
—	(710)	780	83.0	—	63.3	73.3	87	—
—	(698)	760	82.6	—	62.5	72.6	86	—
—	(684)	740	82.2	—	61.8	72.1	—	—
—	(682)	737	82.2	—	61.7	72.0	84	—
—	(670)	720	81.8	—	61.0	71.5	83	—
—	(656)	700	81.3	—	60.1	70.8	—	—
—	(653)	697	81.2	—	60.0	70.7	81	—
—	(647)	690	81.1	—	59.7	70.5	—	—

（续表）

布氏硬度（HB）10mm 3000kgf		维氏硬度（HV）	洛氏硬度（HR）				肖氏硬度（HS）	抗拉强度（近似值）MPa
标准球	碳化钨球		洛氏硬度A 载荷60kgf 金刚石圆锥压印头（HRA）	洛氏硬度B 载荷100kgf ϕ1.6mm 钢球（1/16in）（HRB）	洛氏硬度C 载荷100kgf 金刚石圆锥压印头（HRC）	洛氏硬度D 载荷150kgf 金刚石圆锥压印头（HRD）		
—	(638)	680	80.8	—	59.2	70.1	80	—
—	630	670	80.6	—	58.8	69.8	—	—
—	627	667	80.5	—	58.7	69.7	79	—
—	—	677	80.7	—	59.1	70.0	—	—
—	601	640	79.8	—	57.3	68.7	77	—
—	—	640	79.8	—	57.3	68.7	—	—
—	578	615	79.1	—	56.0	67.7	75	—
—	—	607	78.8	—	55.6	67.4	—	—
—	555	591	78.4	—	54.7	66.7	73	2055
—	—	579	78.0	—	54.0	66.1	—	2015
—	534	569	77.8	—	53.5	65.8	71	1985
—	—	533	77.1	—	52.5	65.0	—	1915
—	514	547	76.9	—	52.1	64.7	70	1890
(495)	—	539	76.7	—	51.6	64.3	—	1855
—	—	530	76.4	—	51.1	63.9	—	1825
—	495	528	76.3	—	51.0	63.8	68	1820

布氏硬度（HB）10mm 3000kgf		维氏硬度（HV）	洛氏硬度（HR）				肖氏硬度（HS）	抗拉强度（近似值）MPa
标准球	碳化钨球		洛氏硬度A 载荷60kgf 金刚石圆锥压印头（HRA）	洛氏硬度B 载荷100kgf φ1.6mm 钢球（1/16in）（HRB）	洛氏硬度C 载荷100kgf 金刚石圆锥压印头（HRC）	洛氏硬度D 载荷150kgf 金刚石圆锥压印头（HRD）		
(477)	—	516	75.9	—	50.3	63.2	—	1780
—	—	508	75.6	—	49.6	62.7	—	1740
—	477	508	75.6	—	49.6	62.7	66	1740
(461)	—	495	75.1	—	48.8	61.9	—	1680
—	—	491	74.9	—	48.5	61.7	—	1670
—	461	491	74.9	—	48.5	61.7	65	1670
444	—	474	74.3	—	47.2	61.0	—	1595
—	—	472	74.2	—	47.1	60.8	—	1585
—	444	472	74.2	—	47.1	60.8	63	1585
429	429	455	73.4	—	45.7	59.7	61	1510
415	415	440	72.8	—	44.5	58.8	59	1460
401	401	425	72.0	—	43.1	57.8	58	1390
388	388	410	71.4	—	41.8	56.8	56	1330
375	375	396	70.6	—	40.4	55.7	54	1270
363	363	383	70.0	—	39.1	54.6	52	1220
352	352	372	69.3	(110.0)	37.9	53.8	51	1180
341	341	360	68.7	(109.0)	36.6	52.8	50	1130
331	331	350	68.1	(108.5)	35.5	51.9	48	1095
321	321	339	67.5	(108.0)	34.3	51.0	47	1060

布氏硬度（HB）10mm 3000kgf		维氏硬度（HV）	洛氏硬度（HR）				肖氏硬度（HS）	抗拉强度（近似值）MPa
标准球	碳化钨球		洛氏硬度 A 载荷 60kgf 金刚石圆锥压印头（HRA）	洛氏硬度 B 载荷 100kgf φ1.6mm 钢球（1/16in）（HRB）	洛氏硬度 C 载荷 100kgf 金刚石圆锥压印头（HRC）	洛氏硬度 D 载荷 150kgf 金刚石圆锥压印头（HRD）		
311	311	328	66.9	(107.5)	33.1	50.0	46	1025
302	302	319	66.3	(107.0)	32.1	49.3	45	1005
293	293	309	65.7	(106.0)	30.9	48.3	43	970
285	285	301	65.3	(105.5)	29.9	47.6	—	950
277	277	292	64.6	(104.5)	28.8	46.7	41	925
269	269	284	64.1	(104.0)	27.6	45.9	40	895
262	262	276	63.6	(103.0)	26.6	45.0	39	875
255	255	269	63.0	(102.0)	25.4	44.2	38	850
248	248	261	62.5	(101.0)	24.2	43.2	37	825
241	241	253	61.8	100	22.8	42.0	36	800
235	235	247	61.4	99.0	21.7	41.4	35	785
229	229	241	60.8	98.2	20.5	40.5	34	765
223	223	234	—	97.3	(18.8)	—		
217	217	228	—	96.4	(17.5)	—	33	725
212	212	222	—	95.5	(16.0)	—	—	705
207	207	218	—	94.6	(15.2)	—	32	690
201	201	212	—	93.8	(13.8)	—	31	675
197	197	207	—	92.8	(12.7)	—	30	655
192	192	202	—	91.9	(11.5)	—	29	640

（续表）

布氏硬度（HB）10mm 3000kgf		维氏硬度（HV）	洛氏硬度（HR）				肖氏硬度（HS）	抗拉强度（近似值）MPa
标准球	碳化钨球		洛氏硬度 A 载荷 60kgf 金刚石圆锥压印头（HRA）	洛氏硬度 B 载荷 100kgf φ1.6mm 钢球（1/16in）（HRB）	洛氏硬度 C 载荷 100kgf 金刚石圆锥压印头（HRC）	洛氏硬度 D 载荷 150kgf 金刚石圆锥压印头（HRD）		
187	187	196	—	90.7	(10.0)	—	—	620
183	183	192	—	90.0	(9.0)	—	28	615
179	179	188	—	89.0	(8.0)	—	27	600
174	174	182	—	87.8	(6.4)	—	—	585
170	170	178	—	86.8	(5.4)	—	26	570
167	167	175	—	86.0	(4.4)	—	—	560
163	163	171	—	85.0	(3.3)	—	25	545
156	156	163	—	82.9	(0.9)	—	—	525
149	149	156	—	80.8	—	—	23	505
143	143	150	—	78.7	—	—	22	490
137	137	143	—	76.4	—	—	21	460
131	131	137	—	74.0	—	—	—	450
126	126	132	—	72.0	—	—	20	435
121	121	127	—	69.8	—	—	19	415
116	116	122	—	67.6	—	—	18	400
111	111	117	—	65.7	—	—	15	385

附录Ⅴ　显示钢铁材料及有色金属材料显微组织用浸蚀试剂

一、常用化学浸蚀剂

序号	浸蚀剂	配方	应用对象
1	硝酸酒精溶液	HNO_3 3～5mL；酒精100mL，含一定量的水可加速浸蚀，而加入一定量的甘油可延缓浸蚀作用 HNO_3 含量增加浸蚀加剧，但选择性腐蚀减少	碳钢及低合金钢： ① 珠光体变黑；增加珠光体区域的衬度 ② 显示低碳钢中的铁素体晶粒界 ③ 显示矽钢片的晶粒 ④ 能识别马氏体和铁素体 ⑤ 显示铬钢的组织
2	苦味酸酒精溶液	苦味酸 4g 酒精 100mL	碳钢及低合金钢：① 能清晰显示珠光体、马氏体、回火马氏体、贝氏体 ② 显示淬火钢的碳化物 ③ 能识别珠光体与贝氏体 ④ 显示铁素体晶界上的三次渗碳体
3	盐酸苦味酸酒精溶液	HCl 5ml 苦味酸 1g 酒精 100mL（显示回火组织需要 15min 左右）	① 能显示淬火回火后的原奥氏体晶粒 ② 显示回火马氏体组织
4	氯化铁盐酸水溶液	$FeCl_3$ 5g HCl 50mL H_2O 100mL	显示奥氏体不锈钢组织
5	硝酸酒精溶液	HNO_3 5～10mL 酒精 90～95mL	显示高速钢组织
6	过硫酸铵水溶液	$(NH_4)_2S_2O_8$ 10g H_2O 90mL	纯铜、黄铜、青铜、铝青铜、Ag - Ni 合金
7	氯化铁盐酸水溶液	$FeCl_3$ 5g HCl 10mL H_2O 10mL	同上（黄铜 β 相变黑）

（续表）

序号	浸蚀剂	配方	应用对象
8	氢氧化钠水溶液	NaOH 1g H_2O 10mL	铝及铝合金
9	苦味酸水溶液	苦味酸 100g H_2O 150mL 适量海鸥牌洗净剂	碳钢、合金钢的原奥氏体晶界

二、有色金属材料常用的浸蚀剂

	配方	a	b	c		
氧化铁、盐酸溶液	$FeCl_3$（g）	15	25	10	先擦拭，再浸入试剂中 1~2min	显示黄铜、青铜的晶界，使两相黄铜中的相发暗，铸造青铜枝晶组织图像清晰
	HCl（mL）	20	10	25		
	H_2O（mL）	100	100	100		
氢氧化氮、双氧水溶液	NH_4OH（比重 0.88）5 份 H_2O_2（3%）5 份 H_2O 5 份				用棉花沾上浸蚀剂擦拭。为获得较佳效果应使用新配的 H_2O_2	适用于纯铜及单相、多相铜合金组织的显示
氢氟酸水溶液	HF（浓）0.5mL H_2O 99.5mL				用棉花沾上试剂擦拭 10~20s	是显示铝及铝合金的一般显微组织
浓混合酸溶液	HF（浓）10mL HCl（浓）15mL HNO_2（浓）25mL H_2O 50mL				此液作粗视浸蚀用；若作显微组织，则浸蚀可用水按9:1冲淡	是显示轴承合金粗视组织和显微组织的最佳浸蚀剂

参 考 文 献

[1] 宋维锡. 金属学（修订版）[M]. 北京：冶金工业出版社，1989.

[2] 任怀亮. 金相实验技术. 冶金工业出版社，1986.

[3] 席生岐. 工程材料基础实验指导书 [M]. 第2版. 西安：西安交通大学出版社，2014.

[4] 马伯龙，杨满. 热处理技术图解手册：热处理技术手册 [M]. 北京：机械工业出版社，2015.

[5] 张廷楷. 金属学及热处理实验指导书 [M]. 重庆：重庆大学出版社，1998.

[6] 邱平善. 材料近代分析测试方法实验指导 [M]. 哈尔滨：哈尔滨工程大学出版社，2001.

[7] 张静武. 材料电子显微分析 [M]. 北京：冶金工业出版社，2012.

[8] 威廉斯，卡特. 透射电子显微学：材料科学教材 [M]. 北京：清华大学出版社，2007.

[9] 丘利. X射线衍射技术及设备 [M]. 北京：冶金工业出版社，1998.

[10] 周玉. 材料分析方法 [M]. 第3版. 北京：机械工业出版社，2011.

[11] 洪班德. 材料电子显微分析实验技术 [M]. 哈尔滨：哈尔滨工业大学出版社，1990.

[12] 杜树昌. 热处理实验 [M]. 北京：机械工业出版社，1994.

[13] 潘清林. 金属材料科学与工程实验教程 [M]. 长沙：中南大学出版社，2006.

[14] 周小平. 金属材料及热处理实验教程 [M]. 武汉：华中科技大学出版社，2006.

[15] 张皖菊，李殿凯. 金属材料学实验 [M]. 合肥：合肥工业大学出版社，2013.

[16] 王运炎. 金属材料及热处理实验 [M]. 北京：机械工业出版

社，1985.

[17] 戴雅康. 金属力学性能实验 [M]. 北京：清华大学出版社，2005.

[18] 王英杰. 金属材料及热处理 [M]. 第 2 版. 北京：机械工业出版社，2015.

[19] 戚正风. 金属物理性能实验指导 [M]. 北京：冶金工业出版社，1959.

[20] 陈洪荪. 金属材料物理性能检测读本 [M]. 北京：冶金工业出版社，1991.

[21] 谭延昌. 金属材料物理性能测量及研究方法 [M]. 北京：冶金工业出版社，1989.

[22] 姚德超. 粉末冶金实验技术 [M]. 北京：中南大学，冶金出版社，1990.

[23] 曲远方. 无机非金属材料专业实验 [M]. 天津：天津大学出版社，2003.

[24] 刘天模. 工程材料系列课程实验指导 [M]. 重庆：重庆大学出版社，2008.

[25] 潘清林，孙建林. 材料科学与工程实验教程 [M]. 北京：冶金工业出版社，2011.